中国管理创新丛书

场景驱动数据要素市场化

新生态 新战略 新实践

尹西明 聂耀昱
——著

中国科学技术出版社
·北 京·

图书在版编目（CIP）数据

场景驱动数据要素市场化：新生态、新战略、新实践 / 尹西明，聂耀昱著 .— 北京：中国科学技术出版社，2024.4

ISBN 978-7-5236-0561-5

Ⅰ . ①场… Ⅱ . ①尹… ②聂… Ⅲ . ①数据管理—研究 Ⅳ . ① TP274

中国国家版本馆 CIP 数据核字（2024）第 051515 号

策划编辑	何英娇	**责任编辑**	何英娇　高雪静
封面设计	潜龙大有	**版式设计**	蚂蚁设计
责任校对	焦　宁	**责任印制**	李晓霖

出　　版	中国科学技术出版社
发　　行	中国科学技术出版社有限公司发行部
地　　址	北京市海淀区中关村南大街 16 号
邮　　编	100081
发行电话	010–62173865
传　　真	010–62173081
网　　址	http://www.cspbooks.com.cn

开　　本	710mm × 1000mm　1/16
字　　数	248 千字
印　　张	18.75
版　　次	2024 年 4 月第 1 版
印　　次	2024 年 4 月第 1 次印刷
印　　刷	北京盛通印刷股份有限公司
书　　号	ISBN 978-7-5236-0561-5/TP · 476
定　　价	99.00 元

推荐语

数据是取之不尽用之不竭的新型生产要素，但如何发挥数据要素的赋能作用，充分释放数据要素的价值，是当前学术界热烈探讨的话题。《场景驱动数据要素市场化：新生态、新战略、新实践》这本专著鲜明提出“场景驱动”的思路，以理论研究和实践调研相结合的方式，系统探讨构建数据要素市场化配置和价值化生态系统的战略与方法，为理论研究和实践探索提供了有益启示。

——马骏　国务院发展研究中心学术委员会副秘书长、研究员

数据要素市场化为数字中国高质量建设带来新机遇，数据要素市场化的关键是场景。“十三五”以来，易华录在数据要素和数据基础设施等多项国家战略超前部署，积极探索，助力数字经济和培育新质生产力，加快做强做优做大，建设一流央企控股上市公司。本书从场景驱动创新理论出发，将数据要素市场化的新生态、新战略、新实践系统展现，易华录的实践探索也有幸作为典型案例入选。本书在完善数据基础制度体系、促进数据资源高效管理、培育数据要素市场产业生态体系等方面都具有重要启发，对协同实现数字中国、数字经济发展和碳中和战略目标有着重要的科学支撑和积极的产业引导意义。

——林拥军　北京易华录信息技术股份有限公司党委书记、董事长

数据作为新型生产要素，是数字化、网络化、智能化的基础，已快速融入生产、分配、流通、消费和社会服务管理等各个环节，深刻改变着生产方式、生活方式和社会治理方式。2024 年 1 月 4 日，国家数据局等 17 个部门联合印发《“数据要素 ×”三年行动计划（2024—2026 年）》。“数据要素 ×”行动，离不开场景。通过推动数据要素在重大场景应用，能够提高资源配置效率，创造新产业新模式，培育发展新动能，从而实现对经济发展倍增效应。

尹西明和聂耀昱博士的新著《场景驱动数据要素市场化：新生态、新战略、新实践》一书，结合场景驱动创新理论，扎根中国数据要素市场化配置和场景化价值实现的实践探索。遵循“使命牵引—理论指导—场景驱动—方法支撑—实践应用—制度保障”的体系思想，重点梳理了数据要素赋能千行百业万企与区域高质量发展的典型实践应用。对于推进数据要素在相关行业和领域的广泛利用，助力经济社会高质量发展具有重要借鉴意义。

——吴晶　中国电子战略合作部副主任（主持工作）

我国是国际上第一个把数据作为生产要素的国家，数据作为中国第五大生产要素，为数字经济的腾飞起到关键性作用，也在复杂的国际形势下助力中国在数字经济领域弯道超车。《场景驱动数据要素市场化：新生态、新战略、新实践》有丰富的理论基础、具体的场景实践，为推动数据要素价值化生态系统及市场化配置，提供了深度研究和方法总结。展望未来，站在数据要素市场发展的起点，新生态、新战略、新实践，生态闭环的价值实现，加快培育新质生产力，释放数据要素新动能。

——叶玉婷　贵阳大数据交易所总经理

发挥数据作为新关键要素的支撑作用特别是乘数效应，对于促进我国数字经济健康发展、支撑经济增长、培育国际竞争新优势至关重要。从场景入手，解决重点行业发展中存在的问题，是最大限度发挥出数据要素在价值创造中的乘数效应的关键。本书从理论、战略与方法上给出了场景驱动推进数据要素市场化配置的基本思考和实践总结，对指导实际工作有较强的实用性和可借鉴性，有助于引导广大市场主体丰富数据应用场景，推动激活数据要素潜能。

——崔刚　郑州数据交易中心副总经理、高级工程师

作为一部具有深度和广度的作品，《场景驱动数据要素市场化：新生态、新战略、新实践》是一部深度剖析和前瞻引领新时代数据要素市场发展的重要力作。作者匠心独运地探讨了如何利用场景创新引领数据要素的价值发现与价值实现，以独特的视角揭示了数据作为新型生产要素在经济社会各领域中催生的全新生态格局。它将引领我们深入探索数据价值挖掘的新边疆，共同塑造未来的数字经济社会发展新格局。值得每一位身处数据时代洪流中的读者悉心研读与借鉴。

——张旭　中国工业互联网研究院网络所副所长

在数据成为第五大生产要素的当下，宏观及战略层面的讨论已层出不穷。而数据如何能实实在在地流通共享，如何让数据要素产生价值，对于国家“数据要素 ×”的战略落地至关重要。本书从场景驱动的数据要素应用切入，以具体的探索实践范例为基础，梳理了数据要素价值化实现方法和政策建议。作为行业研究者的一员，我推荐每一位从业者阅读本书，结合自身背景及本书的场景化案例，相信你们一定能有所共鸣，并引发更加深入、启发性的思考。

——黄聪　微言科技创始人兼首席执行官（CEO）

第一次接触并应用数据要素市场化配置的场景数据匹配（CDM）

理论是在尹教授《场景驱动构建数据要素生态飞轮：从深圳数据交易所实践看 CDM 新机制》一文中，该理论清晰定义了数据要素在产业场景中的价值定义和价值呈现。

本书作为数字经济背景下对实现“产业数字化和数字产业化”的理论探索，立足国家战略和市场发展，聚焦数据要素场景价值，从理论指引、执行策略、案例剖析到政策建议等角度进行了全面深入的阐述。以场景价值视角定义数据价值，为推动产业数字化提供了创新性见解。回顾鹏飞集团在产业数字化升级的发展历程，每一项重大进步无不是建立在以提升集团经营管理精细化、智能化为目标，面向集团经营管理和生产作业等场景痛点，以数据要素和数字技术赋能，从降本、增效、减员、本质安全四个维度实现生产管理智能化。

本书提出的场景驱动创新理论体系对产业数字化升级转型实践具有重要指导意义。

——刘峰　山西鹏飞集团数字智能化中心首席信息官（CIO）

本书以“场景驱动创新”理论贯穿，为读者提供了创新实践的深入见解和案例分析，为发挥数据乘数效应提供了新的思路。场景驱动的数据要素市场化配置改革，核心是将数据与应用场景紧密结合，以确保真正发挥出数据价值，本书理论与实践相结合，详细说明了场景驱动数据价值释放的探索和实践，使读者能够学以致用，同时提出场景驱动统一大市场建设的创新建议。祝愿本书能够为您带来丰富的知识收获和实践启示。

——赵传启　青岛华通智研院首席数据官，青岛数据资产登记评价中心主任

在数据要素市场实践与产业投资中，从业者经常面临如何向前进行数据价值评估和向后进行产业探索创新的困惑，只提数据要素很容

易陷入“先有鸡还是先有蛋”的虚妄讨论。《场景驱动数据要素市场化：新生态、新战略、新实践》创造性地提出了基于场景进行数据要素创新的理念，并从理论、战略到实践自上而下地进行了深入地研究和探讨。研读此书，不仅能够纵览我国数据要素最前沿的、优秀的实践案例，更能从理论高度找到其中的共性，通过场景创新方法论延展更好地指引未来市场实践和产业投资。

——冯浚瑒　东北证券数字经济组组长

在《“数据要素 ×”三年行动计划（2024—2026 年）》实施之际，尹西明和聂耀昱博士的新著《场景驱动数据要素市场化：新生态、新战略、新实践》紧扣时代发展前沿，具有推动“数据要素 ×”行动的重要意义。本书涵盖理论、战略与方法、实践探索、政策建议等全方位论点，极具原创性、创新性、前瞻性和实战性。场景驱动创新理论的原创诠释落脚于数据价值化的架构设计和生态发展，围绕一系列足具前沿代表性的实践案例，重点引出“数据财政体系构建”等新发展格局，通篇为我们提供了数据要素市场化的全新启示。谋定而动，徐图未来，本书可谓数据要素市场化、数据要素价值化、数据要素资产化的宝典。

——林建兴　全球数据资产理事会总干事

尹西明博士长期深入企业一线，扎实调查和研究，前瞻性地从“场景化”的角度解构数据要素市场，将实践经验升华为理论。他在非共识中提炼出共识，在发掘发展机遇的同时揭示需要突破的挑战。这本书对于想了解数据要素市场赛道的人，可以迅速明晰方向；对于已经投身其中的从业者，可以对照并修正自己的步伐，稳步前行；对于政策制定者，可以了解市场的难点和堵点，从而对症施策。数据时代已经来临，我推荐大家阅读这本书。

——丁振赣　数交数据经纪（深圳）有限公司首席法律顾问

推荐序 1
加速推进场景驱动的精准经济，释放数据要素乘数效应

数字经济时代，数据要素已经成为国家战略性、基础性资源和新型生产要素。以国家战略需求为导向，充分利用好我国超大规模市场、海量数据和强大生产能力的优势，依托重大工程与丰富的场景，以体系观统筹发挥各创新主体的主观能动性，加快推进数据要素放大、叠加和倍增价值的释放，形成支持现代化产业体系建设的新动能，是切实增强经济活力，巩固和增强经济回升向好态势，持续推动经济高质量发展的关键。

近年来，场景驱动的精准经济发展迅速。京东方、海尔集团等企业大力发展场景驱动的物联网经济；三峡集团、国家电网、中车集团等央企坚持以重大工程项目为牵引，以场景驱动推进我国复杂产品或系统的研制，走出了有中国特色的经济发展道路。场景驱动创新既是将现有技术、数据、产品和服务应用于特定场景，进而创造更大价值的过程；也是基于未来趋势与愿景需求，驱动战略、技术、数据、组织、市场需求等创新要素及情境要素整合共融，突破现有技术瓶颈，开发新技术、新产品、新渠道、新商业模式，乃至开辟新市场和新领域的过程。

尹西明和聂耀昱博士所著的《场景驱动数据要素市场化：新生态、新战略、新实践》一书，基于我和尹西明博士联合提出的场景驱

动创新理论，扎根深圳数据交易所、北京易华录等典型实践探索，批判性和系统性地提出并论述了场景驱动数据要素市场化的 CDM 机制和飞轮模型，不但是数字科技创新的重要理论创新成果，也对社会各界深入系统把握场景在释放数据要素乘数效应，培育高质量发展新动能具有重要的管理和实践决策参考价值。在中国式现代化新征程中，要把握场景驱动的新范式、新机遇，发挥我国超大规模市场、海量数据和丰富应用场景的优势，全力发展场景驱动的精准经济，加快数据要素市场化配置，全面塑造新发展优势，加速实现从创新追赶到创新引领的跨越。

——陈劲
清华大学技术创新研究中心主任
教育部长江学者特聘教授

推荐序 2
场景驱动数实融合 加快数据要素价值化

数字经济毫无疑问是我国最重要的产业门类。从早期的信息通信业，到后来的互联网和移动互联网产业，再到今天以数据为关键要素的数字产业，数字经济一直在助力我国经济腾飞和产业提质增效。当前，数据要素市场化配置改革的大幕已经拉开，其目的是通过数据的流通和应用促进新型生产力的释放。这个数据价值化的过程离不开应用场景的挖掘，只有实现了场景驱动，数据要素市场化配置才能落实以最终应用为导向，进而促进数实融合的发展。

当前数据要素市场化配置以场外点对点或者多方撮合交易为主，存在供需双方难对接、场景数据难匹配、交易合法性难确定、生态机制不健全等突出瓶颈。而数据交易场所作为由政府正式批准设立、开展数据要素市化配置活动的新型制度性载体，以其公共属性和公益属性定位，通过激励相容的市场化机制设计，打造数据交易的制度媒介，在培育数据交易市场，促进数据开发开放、流通交易与价值释放过程中发挥着至关重要的制度桥接作用。深圳数据交易所自成立以来，在推进数据交易所和服务国家数据要素市场建设、助力数实深度融合的过程中，抓住了场景与数据匹配的内在逻辑要点，通过生态主体汇聚和生态服务链接，以场景驱动数据要素融通交易机制创新和生态建设，强化了场景嵌入与交易撮合能力，以数据融通“公共—产业—企业—

用户”多维场景，探索形成了生态主体、生态服务、生态能力三位一体的场景—数据匹配机制，也逐渐构建齐了高效运转、持续运行和不断进化的数据要素价值化生态飞轮。

《场景驱动数据要素市场化：新生态、新战略、新实践》一书以场景驱动数据要素市场化开篇，详细论述了数据要素价值体系，并提供了生动的典型案例。本书不仅具备极高的理论水平，还具备极强的现实意义，相信将会为数据要素领域的学者和实践者带来耳目一新的感觉。

——王冠

深圳数据交易所副总经理

开放群岛开源社区场景产品组组长

PREFACE

序言

以新生态激活新要素，培育中国式现代化新动能

党的十八大以来，党中央、国务院高度重视大数据和数字经济发展，前瞻谋划和科学布局，深入实施网络强国战略、数字中国战略和国家大数据战略。人工智能、区块链、云计算、大数据等数字技术不断创新迭代和应用，以数字化重塑实体经济的业务模式，推动我国数字经济发展取得卓越成效，总体规模连续多年位居世界第二。国家《“十四五”数字经济发展规划》指出要“坚持以数字化发展为导向，充分发挥我国海量数据、广阔市场空间和丰富应用场景优势，充分释放数据要素价值，激活数据要素潜能”，对数字经济做出国家级专项规划。党的二十大报告进一步提出要“加快发展数字经济，促进数字经济和实体经济深度融合，打造具有国际竞争力的数字产业集群”，为新时代中国数字经济发展提出了新目标新要求。

数据要素作为一种边际成本基本为零、可复用、非排他性和广域渗透的新型生产要素，已广泛融入生产、分配、交换和消费等各个环节，成为企业、产业、区域和国家发展的基础性、战略性资源。数据要素的高效配置成为释放数据要素价值、打造国际竞争力的数字产业集群、做强做优做大我国数字经济和培育中国式现代化新动能新引擎的核心战略议题。当前，数据要素市场化配置的政策制度逐渐关注数据共享性与普惠性，激励激活数商、数据使用方共同释放数据要素红

利。2022 年 11 月,《北京市数字经济促进条例》提出，建立全市公共数据共享机制，鼓励单位和个人依法开放非公共数据，推动数据要素有序流动。2022 年 12 月，中共中央、国务院出台《关于构建数据基础制度更好发挥数据要素作用的意见》（简称“数据二十条”），围绕如何建立和健全关于数据要素的基础制度体系提出了全面系统的制度性规划指导，核心在于创新数据产权观念，淡化所有权，强化使用权，为激活数据潜能和促进数字经济发展提供有力的制度支撑。

然而，必须客观地认识到，我国不缺乏数据基础，但有效数据供给不足，数据难以落地于场景，其瓶颈在于缺乏围绕多元场景中的复杂综合性需求而开展的产业数据系统性规划与机制创新，数据要素与场景需求难以融合，海量冷数据难以转化为多维场景所需的高价值知识，以及知识支撑的决策。在此背景下，如何促进数据要素高效市场化流通和场景化应用，实现数据产业化和赋能产业高质量发展的价值，成为推动数据要素市场建设、培育数据驱动高质量发展新生态和培育新质生产力需要解决的关键核心难题。现有研究主要从数据要素的内涵特征、数据权属、价值实现过程、数据基础设施等不同角度对数据要素市场化配置展开探讨，但是缺少对场景驱动创新这一重大范式跃迁机遇的关注，难以解决数据要素与场景融合不足的突出现实问题。

场景驱动创新关注多元主体在场景中的复杂综合性问题和需求，能够将创新链和产业链相结合，提供完整具体的场景任务清单与综合适配的解决方案，更适应数字经济复杂多变的情境特征，因而能够突破场景与数据难匹配的瓶颈问题，推动多元主体、全要素协同参与解决场景问题。作为重要的新兴创新范式，探讨场景驱动的数据要素市场化配置既具备理论研究的前沿特征，又符合中国式现代化新征程上国家使命要求和全球大国博弈的战略需求。2022 年 1 月，习近平总书记在《求是》杂志上发表署名文章《不断做强做优做大我国数字经济》，进一步强调要“充分发挥海量数据和丰富应用场景优势，促进数字技术与实体经济深度融合，赋能传统产业转型升级，催生新产业新业态新模式，不断做强做优做大我国数字经济”。海量数据与丰富场景的融合已成为国家层面的共同意识，政府部门积极探索场景与数据要素融合发展的模式，并从场景驱动的角度对数字经济的建设做出指导。2022 年 7 月，科技部等六部门印发《关于加快场景创新以人工智能高水平应用促进经济高质量发展的指导意见》的通知，明确以场景创新为抓手，提升人工智能场景创新能力，加快推动人工智能场景开放，加强人工智能场景创新要素供给，第一次将场景创新写入中央政府文件，上升到国家战略层面，成为场景驱动的数字经济高质量发展的里程碑事件。

在这一大背景下，本书针对数字经济背景下数据与场景难融合的现实瓶颈问题以及理论和政策研究存在的不足，面向全球范围内数字经济发展和数据要素市场化配置的前沿趋势，结合场景驱动创新理论，扎根中国数据要素市场化配置和场景化价值实现的实践探索，遵循“使命牵引—理论指导—场景驱动—方法支撑—实践应用—制度保障”的体系思想和生态逻辑，系统研究场景驱动数据要素市场化配置的新生态、新战略、新机制、新实践和新对策。

全书分为理论篇、战略与方法篇、实践探索篇和政策建议篇，通过将场景驱动创新理论融入数据要素全生命周期管理和数据要素创新生态建设的全过程，解析场景驱动数据要素市场化配置的理论逻辑，探讨场景驱动数据要素市场化配置和价值化实践的架构设计、生态建构、组织模式和过程机制，并梳理总结场景驱动数据要素市场化配置、赋能千行百业万企与区域高质量发展的典型实践应用与启示，并围绕建设新型国家数据基础设施，培育数据要素市场化配置新生态，建立健全数据财政体系，完善数据要素监管体系等议题提出对策。希望本书为统筹数字经济发展与安全，充分释放数据要素红利，推动数字产业化与产业数字化协同发展，加快培育新质生产力，打造中国式现代化新引擎，实现高水平科技自立自强与高质量发展提供重要理论、实践和决策参考。

此外，本书同《场景驱动创新：数字时代科技强国新范式》（尹西明、陈劲著）和《产业数字化转型：打造中国式现代化新引擎》（吴晶、尹西明著）相呼应，以“场景驱动创新”的原创理论探索与科技自立自强、数字产业化、产业数字化等重大使命型场景方法论建构相结合的方式，助力中国式现代化。

最后，感谢国家自然科学基金项目（72104027）、工业和信息化部党的政治建设中心重大项目（GXZY2210）、北京市社科基金决策咨询项目（22JCC074），以及北京理工大学科技创新计划“北理智库”推进计划重大问题专项（GJZK20210107）对本书的支持。感谢中国工程院院士张军教授、清华大学经济管理学院陈劲教授、李纪珍教授、王毅教授对本书作者和研究的无私指导，感谢林拥军、林镇阳、赵蓉、王冠等合作者和我的研究团队成员王新悦、苏雅欣、钱雅婷、武沛琦、陈泰伦，感谢北京科学院数字经济与创新研究所、北京易华录、深圳数据交易所、中国电子数据集团、德生科技、贝壳找房、用友网络、腾讯、广州地铁、众安保险、数交数据经纪等企业或研究院所团队对相关调研访谈的支持。感谢中国科学技术出版社技术经济分社杜凡如社长和何英娇主任，这本书从选题、编辑、校对、整理到最终出版，都离不开中国科学技术出版社编辑团队专业、高效和温暖的帮助。可以说，这本书既是在相关基金项目支持下由作者团队长期研究积累的成果，更是场景驱动产学研深度碰撞与融合的产物。由于时间有限，本书在撰写和编辑过程中难免有缺陷和不足，欢迎读者指正。

CONTENTS
目录

战略与方法篇 049

理论篇

党的二十大提出“坚持创新在我国现代化建设全局中的核心地位”，国家“十四五”规划提出“把科技自立自强作为国家发展的战略支撑”。习近平总书记也多次强调，科技创新要坚持“面向国家重大需求”，坚持需求导向和问题导向，优化创新要素资源配置，汇聚形成创新发展强大合力。然而，长期以来，我国的科技创新一般侧重于特定技术领域或特定学科领域，遵循从基础研究发现到关键核心技术突破、产品开发、工程试制、中试熟化与市场化应用的传统路径。其本质在于技术驱动，属于从实验室成果到产业化落地的链式创新模式，面临研发周期冗长、技术迭代滞缓等问题。缺乏面向国家重大战略需求、产业高质量发展需求和组织韧性发展需求的精细化任务设计，极易造成科技创新与转化应用脱节，不仅难以跨越从技术研发到成果转移转化的“死亡之谷”，而且容易陷入技术轨道锁定和“创新者悖论”，迟滞从创新追赶向创新引领的转型步伐。

尤其是伴随着以数字技术为代表的新一轮科技和产业革命向纵深演进，数据成为新型生产要素和重要创新驱动力，大量新场景、新物种、新赛道涌现，科技创新速度显著加快，市场需求瞬息万变，需求侧与供给侧融合愈发紧密。如何瞄准数字化场景和具象化、复杂性需求痛点，重构技术创新体系和商业模式，以此引导与创造供给，释放数据要素价值，在场景实践中实现技术、产品和服务迭代，创造并满足用户新需求和新体验，成为数字赋能创新发展的热点与难点。《“十四五”数字经济发展规划》进一步明确要坚持创新引领、融合发展。坚持把创新作为引领发展的第一动力；突出科技自立自强的战略支撑作用，促进数字技术向经济社会和产业发展各领域广泛深入渗透，推进数字技术、应用场景和商业模式融合创新，形成以技术发展促进全要素生产率提升、以领域应用带动技术进步的发展格局。坚持应用牵引、数据赋能。

在此背景下，政府和科技领军企业如何联合开放与建设多元应用场景，加强场景任务设计与技术体系建构，牵引大中小企业融通创新，破解科技成果转化难题，加快经济、社会数字化转型，激活数据要素价值，促进创新生态和平台经济健康可持续发展，推动数字驱动型创新发展和世界一流企业培育，成为数字经济时代创新驱动发展的重大新议题。

场景驱动创新既是将现有技术、数据和产品应用于特定场景，进而创造更大价值的过程；也是基于未来趋势与愿景需求，突破现有技术瓶颈，利用数据要素和数字技术加速开发新技术、新产品、新渠道、新商业模式，乃至开辟新市场和新领域的过程。但当前围绕场景驱动创新的战略性研究整体滞后于科技强国建设和数字经济高质量发展的政策要求、管理需求和实践探索，学术界对场景驱动创新的内涵、作用机制、实现路径、治理模式等战略性议题仍缺乏系统深入的研究，尤其是对场景如何驱动数据要素市场化配置和价值化实现的战略、路径和生态培育缺少系统性探究。

在建设社会主义现代化国家的新征程中面向科技强国、数字中国、美丽中国、平安中国、乡村振兴、共同富裕、现代化产业体系建设和新型工业化等重大战略性目标，仅采用瞄准单一技术领域或需求的思维，难以破解数据要素市场化配置的瓶颈，需要更加重视场景驱动创新范式变革机遇，为加快推进数据要素市场化配置和价值化实现，建设数字驱动型创新发展新生态，协同推进产业数字化和数字产业化，加快培育新质生产力，打造中国式现代化新引擎，实现高水平科技自立自强与高质量发展提供新发展机遇和可行路径。

第一章 数字时代的创新范式转向

一、现有创新范式研究回顾

熊彼特（1912）在《经济发展理论》中首次提出创新的基本概念和思想，即在商业利润驱动下，将一种关于生产要素和生产条件的全新组合引入生产体系，包括开发新技术、新产品、新原料渠道，开辟新市场或革新组织管理模式。技术创新相关理论自此不断演进，形成包括技术推动范式、需求拉动范式、技术需求耦合驱动范式、整合范式、数字生态范式在内的创新范式体系。

技术推动范式将创新界定为从基础研究到应用开发，再到产业化市场化的、以技术为导向的线性过程，如突破性创新聚焦于纯技术问题以打造独特先进的产品（邵云飞等，2017）。该技术范式强调基础科学，即重大科学发现、重大理论突破、重大技术方法发明，对国家和产业构建核心竞争优势的重要驱动作用。同时，关注技术环境（丘海雄和谢昕琰，2016）、知识管理［波帕迪尤克（Popadiuk）和初（Choo），2006］等影响企业技术研发与转化的因素。以历次工业革命为例，经典力学、电磁理论和电动力学、相对论和量子力学等基础科学研究取得突破，催生出蒸汽机、发电机、计算机等重大技术变革，进而重塑生产方式、产业组织模式和生活方式。

需求拉动范式由施穆克勒（Schmookler）教授在1966年率先提

出，认为创新发明活动的方向与速度取决于市场潜力和市场增长。此范式认为创新以市场为导向、以获利为目的，市场需求促使企业开展研发活动是为产品和工艺创新提供坚实可靠的技术支撑。用户创新，即用户作为核心主体参与创新，从使用者角度提供瞄准自身价值需求的创意［希佩尔（Hippel），1986］；渐进性创新，是指通过持续不断的局部或改良性创新活动，提升产品性能和服务质量，从而满足现有客户群体需求［安德森（Anderson）和杜什曼（Tushman），1990；邓拉普（Dunlap）等，2010］；体验经济与服务创新是通过融合产品与服务、提升顾客全面参与和感受的双向度［刘凤军等，2002；克莱因（Klein）等，2020］；社会创新则是以创新为手段解决社会问题与赋能社会生产生活［尼科尔斯（Nicholls）和默多克（Murdock），2012］。上述创新理论均属于需求拉动范式。

技术需求耦合驱动范式将创新视为市场环境与企业能力，尤其是技术能力匹配整合的连续反馈式链环过程，强调技术、市场及其相互作用的重要性。如云计算就是互联网时代信息技术发展与个性化信息服务需求共同作用的产物。突破性创新以服务领先客户群体或开辟新市场为目标，依托新理念和新技术，革新产品架构、服务体系与商业模式，进而重塑产业链和价值链［周（Zhou）和李（Li），2012；卡普兰（Kaplan）和瓦克利（Vakili），2014］；颠覆性创新强调从低端市场或市场入手，开辟技术发展和产品演进新路径，开拓新兴市场，最终实现对传统行业格局的颠覆与重塑［克里斯滕森（Christensen），1997；李欣等，2015］；设计驱动创新关注设计语言而非产品技术属性对产品价值输出的增值作用，通过引导购买意愿最终满足客户需求［韦尔甘蒂（Verganti），2010］。以上均归属于耦合范式。

整合范式以陈劲、尹西明和梅亮提出的整合式创新理论为代表，强调战略驱动下的全面创新、开放式创新和协同创新。全面创新是各种生产要素在生产过程中的重新组合，包括全要素调配、全员发力、全时空开展 3 个层面，体现出系统思维与生态观（许庆瑞等，2004）。开放式创新打破了传统封闭式创新模式的外围约束，关注企业内外部知识交互，强调开放组织边界，引入外部创新力量［库布拉夫（Chesbrough），2003］。协同创新则指包括政府、企业、高校和科研院所、科技中介机构、市场用户等在内的广泛创新主体，以攻坚重大科技项目、实现知识增值为目标，构建大跨度整合式创新组织（陈劲，2012）。整合范式更关注新兴技术环境下的战略引领、产业协同和要素融通，是技术、市场与政策不确定性催生出的创新范式巨变。由此衍生出研究联合体（马宗国，2013）、有组织科研（万劲波等，2021）、高能级创新联合体（尹西明等，2022）、战略联盟（曾靖珂和李垣，2018）、开放创新平台（汪涛等，2021）、创新生态系统（武学超，2016）等创新模式。

数字生态范式则是顺应技术加速迭代、产品日新月异、竞争空前激烈等新一轮技术革命与产业变革发展趋势，在整合范式基础上关注数字技术等新兴技术，高度重视创新联合体、创新生态支撑的技术积累与环境应变力。基于此，学者们提出了产业数字化动态能力（尹西明和陈劲，2022）、数字创新生态系统（张超等，2021）等科技创新模式。

二、数字经济时代的挑战与范式转向

结合对现有技术创新范式的梳理和总结，可以看出，经济与技术的互动在技术创新范式演进过程中起决定性作用。从离散线性范式转向整合性、生态性范式的底层逻辑在于：随着技术进步与经济增长，创新主体更广泛，由企业家、科学家、研发人员拓展至员工、用户、社会大众乃至类人智能体；创新动机更多元，由技术驱动转向技术与市场双轮驱动；创新活动更复杂，由企业“闭门造车”的个体行为转变为企业牵头、多主体群智共创的群体性集成性行为；创新手段更丰富，新兴数字技术赋能实体经济，推动资源要素集聚共享，促进跨时域、跨地域、跨领域创新；创新要求更综合，由产品开发与服务升级转向商业模式重塑、核心能力重构与产业范式跃迁。

尤其是在新冠疫情与逆全球化叠加下的数字经济时代，科技创新环境呈现出复杂多变、模糊不定和极端情况频出的发展趋势。一方面，国际政治局势动荡不安，技术变革迅猛发展，产业链供应链深度调整，不确定、不稳定和不安全因素剧增；另一方面，国内关键领域面临西方的技术封锁，新兴产业角逐激烈，超大规模市场、海量数据以及丰富应用场景优势尚未充分释放。

在上述发展趋势下，传统技术创新范式的局部性、短期逐利性和数据要素价值难释放等局限性日益凸显。首先，现有范式多立足局部思维，过于强调技术驱动，容易陷入技术轨道固化、创新路线保守和创新模式僵化等困境，导致科技经济“两张皮”、创新者窘境、创新跃迁困难、错失第二曲线创新机会等问题。克里斯滕森（1997）指出，为维持现有竞争优势，在位企业更倾向于将技术专长发挥到极致，因此更容易忽视微小需求和新兴趋势，错失技术轨道迁移的最佳时机。这就要求从顶层设计和战略层面开展创新活动，保持动态变革的能力。其次，现有范式过度强调市场需求，不仅容易被短期商业逐利裹挟，为追求经济效益而忽视可持续发展和社会责任，而且局限于实用主义导向的利用性创新，忽略探索性发现，难以实现远景构想，更容易忽视使命和愿景在推动创意“落地”、获得创新突破、转化创新价值中的洞察与牵引作用。如朱志华提出，数字经济时代，新技术、新业态、新模式层出不穷，部分科技领域进入“无人区”，亟须在原始创新突破的基础上探索能够洞见未来、“弯道超车”、引领前沿的创新范式。最后，现有范式多关注知识、资源、人员等传统创新要素的横向整合，缺乏对数据这一新型基础性生产要素和创新引擎对创新链、产业链、供应链融通整合发挥巨大杠杆价值的关注与研究。

因此，针对数字经济时代和新发展阶段对传统创新范式提出的新挑战与新需求，亟须突破技术创新的线性及链式思维，在整合范式与数字生态范式的基础上，更加重视场景驱动下创新链与产业链深度融合的全新范式。

| 第二章 |

场景驱动创新：内涵与外延

一、场景驱动创新范式内涵

场景驱动创新（Context-Driven Innovation）是数字经济时代涌现出的全新创新范式。该范式超越传统创新理论与范式的局限，蕴含整体观和系统观，顺应了数字经济时代科技强国建设场景和未来场景对创新的新挑战与新需求。场景驱动创新以场景为载体，以使命或战略为引领，驱动技术、市场等创新要素有机协同整合与多元化应用。既是将现有技术应用于某个特定场景，进而创造更大价值的过程；也是基于未来趋势与需求愿景，驱动战略、技术、组织、市场需求等创新要素及情境要素整合共融，突破现有技术瓶颈，创造新技术、新产品、新渠道、新商业模式，乃至开辟新市场、新领域的过程。基于场景的创新管理范式，则是场景驱动创新管理（Context-Driven Innovation Management, CIM）。

场景驱动创新包括场景、战略、需求、技术四大核心要素。即依托场景，在使命和战略视野牵引下，识别国家、区域、产业、组织和用户层面存在的重要科学问题、重大发展议题、产业技术难题，乃至个性化需求问题，通过加强场景任务设计，实现科技研发与场景应用有机融合，推动形成创新链、产业链、资金链、政策链、人才链融合创新以及协同攻关合力，构建共生共创共赢的创新生态系统。场景、战略、需求和技术四者紧密相连，互为促进，协调一致，构成场景驱动创新的整体范式。

场景在管理领域的应用源自市场营销，泛指日常生活工作中的特定情境及其催生的需求和情感要素。场景驱动创新中的“场景”，意指某特定时间的特殊复杂性情境（context）。该情境发展或演变面临的复杂综合性挑战、问题、使命或需求，为多元创新主体发起与开展创新活动以及应用创新成果提供了嵌入性场域（field）。该场域涵盖时间、空间、过程和文化情感维度，是时间、问题、主体、社群、要素、事件汇聚与发生关系以及相互作用的场域，既包括物理空间和社会空间，也包括赛博空间（彭兰，2015；王永杰等，2021；李高勇和刘露，2021）。

在数字时代，场景设计更加精准，内涵不断丰富，边界不断拓展，重要性也不断提升。首先，数字经济与实体经济融合并进，大数据、云计算、人工智能、物联网等新兴数字技术赋能时空、事件、状态、需求等场景要素。数据将传统意义上难以衡量的场景要素具象化与可视化，进一步解决了场景设计的准确性与操作性问题，进而实现场景解构、重塑与颠覆。其次，场景具有战略性、综合性、开放性、应用性等特点，可瞄准前沿方向和重大问题，融通数据和需求等创新要素，汇聚产业领军企业、专精特新中小企业、高校院所、科技中介机构、用户等创新主体，为关键技术突破、成果转化应用、商业模式创新、新产业新业态培育提供创新生态载体。最后，场景可塑性强，发展潜力巨大，可通过科学建构和优化不断演化，持续释放和引导需求，拓展发展前景，贯通多重领域，进而引发技术、产业和经济的深度变革。在场景中，战略可以细化为更具体的目标，细分后的技术与具象化后的需求循环联动，更加贴近真实的应用环境，在多方主体的共同参与中实现有节奏的创新。

以京东方科技集团股份有限公司（以下简称“京东方”）为例，

京东方在物联网创新转型过程中充分运用场景驱动思路，针对六大产业场景领域与 20 余个具体产业场景，分别提供体系化解决方案，包括智慧城市、智慧零售、智慧医工、智慧金融、工业互联网和智慧出行等。依托场景驱动管理创新模式，京东方将其技术优势转化到服务能力上，真正满足了产业客户的实际需求，解决了痛点问题。

战略概念源于军事，后被引申到企业管理领域，广义上指具有统领性、全局性、整体性，影响成败的谋略、方案与计策。迈克尔·波特将战略思维置于企业制胜因素的首位，认为鲜有企业能凭借运营优势屹立不倒，以运营效益替代战略定力的结果必然是零和博弈。“数字化 + 后疫情”时代，全球化在经济与科技领域不断深化，世界产业与发展格局深刻变化，使命运动成为主流。创新更需运用系统观和整体观，统筹前沿领域探索、经济平稳增长、社会安定团结、生态文明建设等蕴含哲学思辨和东方智慧的重大命题，坚持使命导向和战略牵引，实现短期应对和长期发展平衡兼顾。战略的引领对场景构建起锚定作用，使得场景任务设计和面向场景的技术创新及应用更有针对性。

以航天场景为例。2022 年，国务院新闻办公室发布的《2021 中国的航天》白皮书中提出，中国航天面向世界科技前沿和国家重大战略需求，以航天重大工程为牵引，加快关键核心技术攻关和应用，大力发展空间技术与系统，全面提升进出、探索、利用和治理空间能力，推动航天可持续发展。中国在航天领域的科技发力愈发关注安全治理、可持续发展等。

技术与需求以及其相互关系始终是技术创新过程中的核心议题，两者在循环互动中共同发展：技术推动需求升级，催生新业态与新模式；需求拉动技术创新，倒逼新技术和新机制形成。当前经济社会全面迈向数字化，数据成为关键生产要素，新兴技术呈现群发性、融合性增长态势，市场需求凸显个性化、前瞻性发展特点，要求技术与需求、愿景、使命间建立更紧密的对接和实现更顺畅的转化。场景驱动创新模式则能够以使命、愿景、价值观为引领，通过场景定位与需求分析、场景解构与难点识别、任务设计与技术应用体系建构、产业链与创新链“痛点”的针对性破解等环节，推动科技供给与前沿需求双向融合。一方面为创新应用提供需求真实、数据全面、生态完善的孵化平台；另一方面为需求升维和产业引爆带来更先进、更富创造力、更具变革性的机遇。技术与需求的循环联动，能为场景驱动创新提供持续的动力源。

以海尔智家为例，其秉持绿色低碳发展理念，聚焦国家“双碳”目标，积极落实“绿色设计、绿色采购、绿色制造、绿色营销、绿色回收、绿色处置”的“六绿”战略。在智慧家庭领域，面向用户“衣食住行娱”的具体需求，基于衣联网、食联网等平台，创造性设计出一批绿色场景，利用标识解析技术与物联网技术，打造“回收—拆解—再生—再利用”的绿色再循环体系、智能分拣系统、全链条数字化系统等技术应用体系，首创性建设“碳中和”拆解工厂。从发布“三翼鸟”场景品牌到获评四家“灯塔工厂”，海尔智家通过绿色场景驱动产业与消费双升级，全面赋能“大场景生态”。

二、场景驱动创新的突出特征

回顾现有技术创新范式，学术界和产业界愈发强调战略引领并关注技术与需求双重驱动的整合式创新组织管理。场景驱动创新模式源自并超越现有创新范式，更加重视战略引领、基于数据的现实场景与未来场景建构以及场景任务设计，符合数字经济时代特色，具有引领性、战略性、多样性、精准性、整合性、强韧性等特点。

引领性，即在现有先进科学技术与理论模式等基础上，强调当下社会经济发展的重要场景（如智能交通、智能制造、智慧医疗、智慧家居、智慧城市等）和未来中国乃至人类经济社会发展大趋势、大场景（如老龄化、碳达峰、碳中和、探月、探火等）的目标引领以及趋势引领。场景驱动创新不再仅着眼于新技术应用示范和市场需求挖掘，而是通过洞见与创造未来，重构技术创新模式、生产生活与价值创造方式。

战略性，即瞄准重要场景和重大关键性需求，明确关键问题，建立价值主张，设计解决方案，构建技术体系。针对“卡脖子”技术、技术整合以及技术需求耦合问题一举攻破，超越传统创新范式的短期导向和片面性。具有重要战略意义的场景往往会催生重大的“技术—经济”范式变革，形成颠覆性技术、颠覆性产品和前沿引领性产业。在科技自立自强的时代洪流中，场景创新正成为科技创新的新航标，通过加速原始创新突破、破解科技成果转化难题，形成科技强国建设战略新优势。

多样性，体现为不同时间、空间和维度的场景存在显著差异，参与场景构建的创新主体具有多样性，强调针对场景开展定制化的场景任务设计和技术创新。此外，场景驱动下的创新生态系统建设也需要通过多样性，即多元主体、多种要素、多种模式，激发创造性和持续性，并以“标准化＋个性化”模式赋能多样化场景，实现共性场景与个性化场景的融通。

精准性，即数字时代场景更多是基于数据构建的，场景分析与任务设计更多是由数字技术支撑的，实现了对用户需求的精确定位和生动模拟。数字技术与数据要素使得特定场景下的场景问题和痛点识别更精确，促使场景匹配和场景驱动多元主体创新更加精准高效，大大降低了技术创新和成果转化成本，提高了创新应用效率。

整合性，体现为创新要素集成、主体汇聚、动因融会和领域融合，是对现有创新范式中整合理念的延续与发展。要素层面，需以战略统筹数据、知识、资源、人才等多种创新要素，通过市场化配置，推动创新供给与创新需求耦合，最大限度释放数据要素的创新活力，赋能国家、区域、产业和组织创新发展与个体幸福感提升；主体层面，则需汇聚科技领军企业、产业链上下游相关企业、高校院所等多个创新主体，促进创新资源高效流转和科学配置，是数字创新融通生态的聚合器；动因层面，通过真实场景融会创新链和产业链，为研发提供试错容错反馈机制，为需求设定边界和价值主张，精准匹配创新应用和需求愿景，以技术带动需求，以需求促进技术，是有目的、针对场景问题的创新路径；领域层面，关键场景跨越行业边界，实现实体经济与数字经济的深度融合、不同产业与领域的协同发展。

强韧性，强调从传统竞争领域的核心能力到数字时代的动态能力，包括组织与创新韧性，技术体系、创新决策模式和管理模式的灵活性，以及根据场景需求和技术经济范式跃迁趋势，敏捷、动态、柔性地调整创新模式，迎接挑战、化解风险、应对冲击、抓住机遇的动态能力，更适应数字经济时代复杂多变、模糊不定的创新情境特征。

总体来看，与以往从技术到市场的线性创新模式不同，在场景驱动创新模式中，创新动力从单一的好奇心驱动转向瞄准重大场景的使命牵引和需求倒逼；创新环境从实验室走向真实的市场环境；创新主体则从原来的研发人员转向由来自科学界、产业界、投资界和普通公众等各方主体乃至深度学习算法驱动的类人智能体构成的数字化创新联合体；创新主导者从科研院所走向科技领军企业和领先用户；创新过程浓缩在真实的市场验证环境中，从以往先研发后转化的历时性创新走向技术研发与商业转化同时发生的共时性、共生性创新。这种场景驱动创新能够实现制造业“微笑曲线”研发端与市场端的实时、动态、精准和高效能匹配。在保障产业链安全、降低成本的同时，实现柔性、大规模定制化和即时生产，并能够通过产业链激励相容的数字化合作机制与区块链等数字技术保障后疫情时代产业链、供应链的强韧性与可信数字化发展。

三、场景驱动创新与需求拉动创新的异同

虽然场景驱动创新与需求拉动创新均关注需求的创新驱动作用，但前者超越了传统的需求拉动创新范式，二者具有本质区别。

从需求内涵看，场景驱动创新范式中的“使命牵引与需求倒逼”包含需求拉动创新范式中的“用户需求”。强调国家、区域、产业、组织、用户五大维度的使命需求，从发掘短期、个体企业的商业需求上升到关注产业共性发展问题、国家发展远景目标、人类社会重大命题，体现出引领性、战略性和多样性。

从场景特质看，数字经济时代的场景一般由可量化的数据构成，场景设计一般通过高效精准的数字技术和数字化流程实现。需求则是一个较模糊的想法而非一种特定的复杂性情境，它不包含细化后的具体环境因素和多重参与主体。因此，相较难以量化、无法摸清、不好把握的需求而言，场景更容易实现技术创新的精准突破。

从创新过程看，在场景驱动创新范式中，场景为特定技术与具象化需求的全过程深度交互融合提供载体，通过场景设计、方案建构实现技术创新与成果转化的同时推进。需求拉动的创新范式则遵循从需求反馈挖掘到技术创新应用的线性路径，难以打通科技成果转化的“最后一公里”。

具体而言，需求拉动范式更关注特定人或主体的需求，侧重单点或者单维度，需要一个技术、一个产品或一个产品与技术的组合。且需求往往过于宏观与模糊，面临数据化、具象化和可视化难题，使得企业无法准确将其运用于技术创新驱动过程，并面临创新成功率不高和创新资源浪费等问题。此外，需求局限于单个创新主体与其较为固定的用户群体之间的线性联系，无法兼顾产业中的其他创新主体及用户需求。往往只是在原有技术上进行渐进式创新，难以为产业共性问题提供解决方案，更无法开辟新赛道与新领域。场景驱动范式则强调

面向主体嵌入的当下和未来场景，关注多元主体在场景中的复杂综合性问题和需求。其不是凭借单点技术或产品突破就能解决的，而是需要针对场景开展需求分析、问题识别、任务设计，在包括创新供需双方在内的多元主体参与下提供综合性、适配性解决方案，并根据场景变化进行动态优化，即整合性和强韧性。表 2-1 进一步梳理了场景驱动创新对现有典型创新范式的超越。

表 2-1　场景驱动创新对现有典型创新范式的超越

<table>
<tr><th>范式</th><th>创新的内涵与特点</th><th>代表性理论</th><th>场景驱动创新的超越性</th></tr>
<tr><td>技术驱动范式</td><td>以技术为导向的线性自发转化过程</td><td>突破性创新</td><td rowspan="3">瞄准重大关键场景和复杂性需求，以使命或战略为引领，驱动技术、市场和创新要素有机协同整合与多元化应用</td></tr>
<tr><td>需求拉动范式</td><td>以市场为导向、以利润为目的的线性过程</td><td>体验经济</td></tr>
<tr><td>技术需求耦合驱动范式</td><td>市场环境与企业能力尤其是技术能力匹配整合的连续反馈式链环过程</td><td>设计驱动创新</td></tr>
<tr><td>整合范式</td><td>战略视野驱动下的全面创新、开放式创新和协同创新</td><td>整合式创新</td><td rowspan="2">蕴含全新的整合观和系统观，强调以重大需求和使命为牵引，重视差异化、精准性的场景任务设计，构建共生共创共赢的创新生态系统</td></tr>
<tr><td>数字生态范式</td><td>在整合范式基础上关注新兴数字技术，高度重视创新联合体、创新生态基础上的技术积累与环境应变力</td><td>产业数字化动态能力</td></tr>
</table>

第三章 场景驱动创新的理论逻辑

一、场景驱动创新的战略重点

场景驱动创新的战略重点不同于以往的技术驱动范式，其蕴含全新的整合观和系统观，强调以重大需求和重大使命为牵引，加强场景任务设计，构建共生共创共赢的创新生态系统。

场景驱动创新生态系统建设的战略逻辑主要体现在五个方面：第一是使命牵引；第二是场景需求与技术创新的双轮驱动；第三是努力瞄准场景驱动创新的引领性、战略性、多样性、精准性、整合性、强韧性等六大特征，推进场景构建、问题识别、技术体系设计与技术创新应用；第四是通过数字化创新平台和高能级创新联合体的载体建设，强化多元主体协同创新，加速项目、资金、基地、人才和数据等创新要素一体化高效配置；第五是深化包括创新链、产业链、人才链、资金链、政策链在内的五链融合，打造共生共创共享共赢的创新生态系统，为国家、区域、产业、组织高质量发展和共同富裕目标实现持续提供高水平原始性创新、关键核心技术以及高素质创新型人才支撑。

二、场景驱动创新的过程机制

场景驱动创新过程主要包括场景构建、问题识别、（场景）任务设计和技术创造与成果转化应用。该过程体现了场景驱动特质，即技术创新与应用场景在创新全过程的高度融合，因此能够超越传统的创新链式、环式和网络集群模式，突破科技成果转化瓶颈问题，实现技术、需求、要素、场景的有机整合，以及“沿途下蛋”式创新和多元化应用。

在这一动态过程中，场景驱动战略、技术、组织、市场需求等创新要素和情境要素有机协同整合。其内在机制包括由使命和愿景牵引凝聚而成的战略共识、数字技术和跨界场景驱动形成的共生生态，以及基于共生、面向共识的共创共赢。场景驱动创新的本质是多元主体价值共创共生，关键在于识别场景需求痛点和问题难点，进而围绕场景问题，设计面向场景需求的解决方案，最终实现技术创新与应用。既包括现有技术的创造性组合应用，也包括瞄准技术空缺开展“从 0 到 1”的原始性创新，乃至“从无到 0”的面向“无人区”的基础科学探索。

场景驱动创新机制的实现有赖于创新思维和创新管理模式的全方位转型。即创新思维要从线性迈向融合，从竞争转向竞合，从零和博弈走向共生共赢；从吸收转化的创新追赶迈向洞见未来的创新引领，强调未来需求和使命愿景的引领；从注重稳态管理和核心能力迈向强调韧性组织和动态能力；从关注因果关系到同时兼顾相关关系和因果关系；从少数人基于经验的决策模式转向基于海量数据开展动态预测的智能决策模式。

第四章
场景驱动数据要素市场化的理论逻辑与过程机制

一、研究回顾与评述

（一）数据要素市场化配置相关研究

数据要素作为继土地、劳动力、资本、技术后的第五大生产要素，是促进产业数字化和经济社会高质量发展的基石。如何有效利用市场化配置手段，促进数据的高价值应用，从而助力国家实现经济超越追赶和高质量发展是理论和实践的重要议题。目前，关于数据要素市场化配置的研究主要聚焦在内涵特征、数据权属、价值实现过程、数据基础设施等议题。

作为新型生产要素，数据要素超越传统生产要素具备独特的内涵特征，因而能更高效地推动经济增长与社会发展。刘洋等指出数据要素具有可共享、可复制、可无限供给等特征，使得数字要素驱动创新不但加快了产业、组织和治理边界的模糊性，而且具备了自生长性等迭代创新的特征，尹西明等学者提出了要素的“5I”属性，即数据整合（Integration）、数据融通（Interconnection）、数据洞察（Insight）、数据赋能（Improvement）以及数据复用（Iteration），并构建了“要素—机制—绩效”数据要素价值化动态整合模型。孔艳芳等学者基于大数据的“6V”属性，提炼了数据要素灵活衍生性、非排他性、强技术依赖性、高度融合性的赋能特征，并解构其“生产要素化”与“配置市场化”两大内涵。

基于数据要素的资产性质和经济效益，数据权属和确权问题是数据要素高效配置的前提，也是实现数据要素价值化动态过程的基础。顾勤从“信息—数据”的二维视角，构建了国家、信息主体、信息管理主体数据权属体系。尹西明等从“权属—主体—角色”的视角出发，基于不同生态主体的权属关系，理清了政府、企业、个人这些主体在“收—存—治—易—用—管”这一数据要素市场化配置机制中的权力流转机制。

为充分发挥数据要素的效能，最大化地释放数据要素的应用价值，学者们对数据要素价值化过程进行大量研究。蔡继明等建立数据要素的一般均衡分析框架，指出数据自身、前期物化在数据收集处理中的劳动，以及当期用于数据收集处理的活劳动均参与价值创造过程。乔晗等学者认为实现数据要素市场化配置首先需要通过技术和制度促进数据要素的流通和交易，然后再通过数据要素与其他生产要素融合实现价值转化，结合数据要素多主体、多阶段、多层次的特征，能够进一步构建数据要素价值化的生态机制。李海舰等则从“数据资源—数据资产（产品）—数据商品—数据资本”的数据形态演进视角提出，数据要素价值化实则对应着“潜在价值—价值创造—价值实现—价值增值（倍增）”的价值形态演进。

数据基础设施是数据要素价值释放的重要载体，包括数据银行、数据交易中心、数据交易平台等，为数据要素的价值释放提供关键支撑力量。学者们将关于数据基础设施的研究嵌入数据价值化过程，分析数据要素价值释放的主要机制和价值释放绩效。现有关于数据要素市场化配置的视角丰富，但主要从数据本身出发，探讨技术和制度驱动下的要素价值创造过程，缺乏对场景这一重要和核心要素及其驱动机制的关注，难以突破数据、技术、场景融合的理论和实践瓶颈。

（二）场景驱动创新相关研究

场景思维是企业商业模式创新的重要手段，在管理领域最早且广泛应用于营销，江积海等基于场景创新的视角分析了用户、产品、运营场景化的价值创造动机和机理，解构中国情境下零售企业商业模式场景创新过程及价值创造路径。大数据、人工智能、区块链等数字技术的发展为创新提供了新基础，但仍然存在技术成果转化慢、迭代难、“卡脖子”等问题，场景驱动创新应运而生，为新兴产业爆发提供了原点和机会，逐渐应用于更广泛的领域，成为理论和实践研究的价值洼地。

关于场景驱动创新的理论内涵研究，尹西明、陈劲等系统地提出了场景驱动创新理论，其以场景为载体，以使命或战略为引领，驱动技术、市场等创新要素有机协同整合与多元化应用，通过将技术应用于解决某个特定业务场景或产业链环节的痛点堵点，实现更大价值。场景驱动创新以场景、战略、技术、需求为四大核心要素，包括场景构建、问题识别、场景任务设计和技术创新成果的应用四个关键过程。

在基于场景驱动创新的理论研究方面，目前学者们多面向不同场景维度，结合具体的场景需求，探究场景驱动创新的实践路径。例如孙艳艳基于冬奥实践，结合冬奥会的场景需求提出了北京国际科技创新中心的建设举措。尹西明等探讨了共同富裕这一重要场景驱动下科技成果转化的理论逻辑和实践路径。俞鼎和李正风等学者分析了人工智能与场景驱动创新的互动关系，指出责任鸿沟是人工智能场景创新的核心伦理问题，并明确解决对策。场景驱动创新以数据要素和数字技术的发展为支撑，最终充分释放要素的价值，解决各个场景任务，而数据要素的市场化配置需紧密结合场景问题，以场景任务解决和场景价值释放为最终成效。然而，尚未有学者结合数据要素市场化配置的多维场景问题，探讨场景驱动数据要素市场化配置的过程机制。

（三）数字经济和场景驱动相关研究

场景驱动创新范式是数字经济时代的产物，数据和数字技术的应用实现了更高效的需求整合，呈现了更具象化的场景任务，顺应了数字经济时代的发展需求，通过非线性思考的方式飞越技术发明与应用间的鸿沟，是推动数实融合、建设数字中国的重要抓手。现有关于数字经济和场景驱动相关的研究大多以“产业数字化”和“数字产业化”为背景，从数据要素、数字技术与场景之间互通共促的关系展开。

一类研究聚焦于场景对数据要素和数字技术的重要作用。尹西明等学者提出了“产业数字化动态能力”这一创新范式，认为企业应当从多元化应用场景入手，提高数字化场景整合能力，进而推动产业数字化技术能力和管理能力双核协同，培育强势的产业数字化动态能力，阐明了场景驱动创新在企业数字化转型过程中的重要作用。尹本臻等指出数字经济时代场景探索存在滞后问题，应当加大场景创新的探索力度，并通过场景创新促进产业数字化和数字产业化。另一类研究聚焦数据要素和数字技术如何赋能场景挖掘和构建。技术是场景驱动创新的核心要素之一，数据要素和数字技术是其重要的组成部分。钱菱潇等基于具体的绿色创新场景探讨了如何应用新兴数字技术打造场景内容，实现数字经济与绿色发展的协同增效，从具体场景案例阐述数字技术如何支撑场景创新。邹波等提出了数字经济场景化创新，强调了数据要素对场景化创新的支撑作用以及数字技术对场景化创新的驱动作用。缪沁男等以钉钉为例，提出服务型数字平台“需求确定—业务布局—赋能实现”的逻辑路线，揭示了数字技术赋能场景与生态的动态演化规律。

数字产业化的过程中需要将数据要素转化为场景生产力，进而创造和孵化场景；而产业数字化要将数据要素及数字技术应用于场景，充分释放数据的要素价值，提高场景效率。数据、技术、场景的融合是探究数据要素市场化配置的前沿问题。将前沿的数字技术和“国家—区域—产业”的重大需求场景紧密结合有利于进一步拓展技术的应用领域，进一步催生更符合人民福祉的需求。现有研究更多单独讨论数据要素，或者从数字技术的视角出发，探讨场景应用中的数字技术与数字技术驱动的场景创新。鲜有学者结合场景驱动创新这一新范式，探讨其为数据要素市场化配置提供的新动能。只有结合数据使用的真实场景，才能有遵循地对低价值密度的数据进行高效治理、价值释放和价值沉淀，从而最终释放数据价值。因此，本章以场景驱动创新为理论基础，针对数据要素市场化配置的相关理论研究缺口，以及针对数据要素市场化配置中缺少场景设计、难以有效激发市场价值活力的难题，结合数据要素市场化配置的典型实践，探讨并提炼了场景驱动数据要素市场化配置新模式。

二、场景驱动数据要素市场化配置的理论逻辑

（一）场景驱动数据要素市场化配置的典型特征

场景驱动数据要素市场化配置要求充分结合国家和区域的发展实况和相关场景，在使命的驱动下因地制宜地构建数字基础设施，从而发挥海量数据的规模优势，充分释放数据生产力，实现数据要素的多维价值释放。数据要素市场化配置的主体包括政府、企业、数据交易平台、个人等多元主体，承担“收—存—治—易—用—管”等多重功能，需要数据创新人才、数据基础设施、数据相关制度等多要素协同

发展。不同应用场景下所使用的数据类别层级不同、参与数据要素市场化配置的主体不同、所面临的核心问题也存在差异。因此，需要数据交易主体结合具体的应用场景，瞄准特色场景中数据要素市场化配置过程中的个性需求、识别场景中的痛点问题，进而明确场景设计的重点任务和建构方案，推动数据要素配置进程中多层次、多主体、多功能以及多要素的融合，最终实现创新应用。场景驱动数据要素市场化配置具有统筹整合、精准配置、快速转化和跨场景应用的多元特征。

1. 统筹整合

场景驱动创新符合使命驱动的创新理论，重视使命和战略的引领，对场景需求和任务痛点的识别能力更强。在战略指引下，数据要素的供给和分配更具统筹性。以“低碳减排”这一重大场景应用为例，需以“双碳”目标为使命牵引，既要解决降碳问题，又要协同保障经济高质量发展，通过数字化手段转型发展的同时也要降低数据基础设施的碳排放。基于此重点任务，“双碳”目标下，数据要素市场化配置应当充分发挥政府、产业、企业和个人的主体作用，充分收集来自各级部门、各类格式、不同时空维度的数据，实现全量存储、全面汇聚、高效治理、全场景应用的数据要素价值化流程。场景驱动创新强调统筹整合，需要不同创新主体共同参与，在保证数据安全的情况下共享数据，协同研发，共同破解数据融通难的问题。

2. 精准配置

场景驱动下，要素配置的目标任务和需求分解更为准确。一方面，场景构建、核心问题识别、具体任务设计由数据要素提供具象化支持。另一方面，数据要素服务于场景，最终拉动技术的创新应用。二者协同，数据要素配置更精准。如新华三集团以场景驱动数据治理，其中开展了以交通拥堵为导向的数据治理，提出“只须调用和融合出行数据，而无须融合每一辆车的数据”，诠释了场景驱动下数据要素的配置“用哪治哪”“治哪融哪”的精准性原则。

3. 快速转化

场景中数据要素市场化价值的需求，要求数据与需求、愿景、使命间建立更紧密的对接，并实现更顺畅的数实融合和数据的快速应用与价值释放。在场景驱动创新范式下，需求是场景生成的原动力。因而，数据要素价值化前提是准确识别、把握场景的复杂综合性需求问题。如博世底盘控制系统南京工厂数字孪生平台，其在建设之初就面向实现全链数字化的场景。在此基础上，面向场景需求实现数据向生产力的低成本和快速转化。平台深度融合了智能工厂运营中涉及的人、机、料、法、环各环节，采集工厂内部边缘侧的各类工业数据，打通各种数字化系统间的数据管道，并借助超宽带（Ultra Wide Band，UWB）等技术获取人员和物流设施的实时位置，提升了工厂运营关键指标，树立了中国工业 4.0 标杆。

4. 跨场景应用

场景驱动下，数据要素的市场配置不仅以实现单一应用为目的，更应该全面提升数据效能，促进数据流通，使得其能被更多场景应用。以京东方为例，依托显示终端的应用场景，京东方建立了“1+4+*n*+生态链”的发展架构，聚集一个技术策源地——半导体显示事业，围绕“物联网、传感、MLED、智慧医工”四类主场景，实现数据的跨场景互通共用，同一类数据可面向智慧城市、智慧零售、智慧医工、智慧金融、工业互联网等 *n* 个场景问题提供多元化、差异化、精准适配的场景问题解决方案，大大提高数据和场景融合的效能。

（二）场景驱动数据要素市场化配置的共创生态

尹西明等学者提出了数据要素价值化生态的基本框架和建设原则，但是相关研究忽视了场景在数据要素市场化配置中的重要作用，难以有效解决数据与场景融合的难题。因此，本部分从场景驱动创新的理论视角梳理数据要素市场化配置的价值逻辑，进一步构建统筹数据发展与安全、融入场景的数据要素市场化配置的创新生态（图4–1）。从创新再到场景驱动，最终走向生态时，各方都需参与数据要素生态的共享共创，而并非单独一方完成所有职能。数据从所有权到运营权，再到使用权，在让渡和交易的过程中包含大量不同环节，需要多元角色参与构建场景驱动数据要素市场化配置的共创机制。

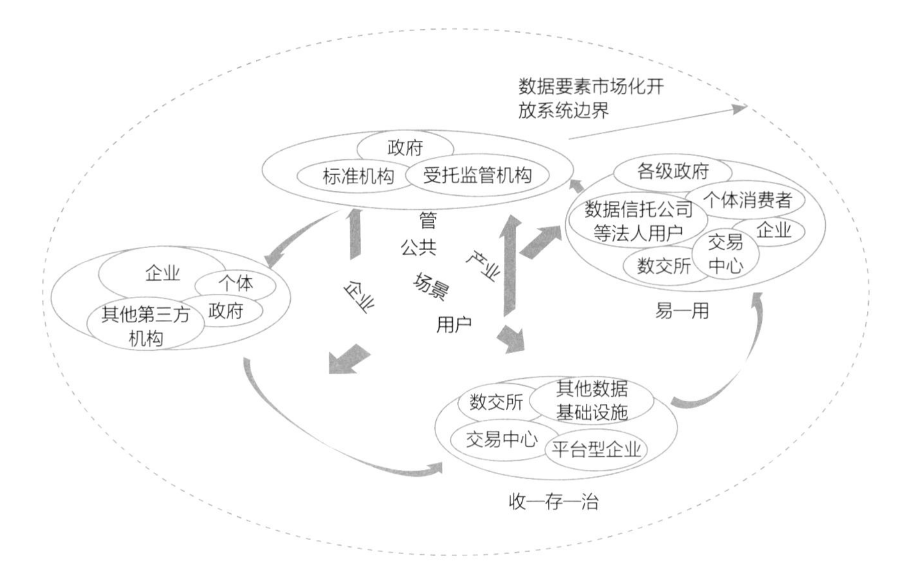

图 4–1　场景驱动数据要素市场化配置的共创生态架构

场景驱动数据要素市场化配置既符合场景驱动的内涵特征，又包含数据要素市场化配置的理论实践，其核心在于以“公共—产业—企业—用户”等不同维度场景下数据要素市场化配置的重点和痛点为抓手，由数据源出方、数据“收—存—治—易—用—管”的各个主体共同构成数据要素市场化配置的生态底座，由数据监管主体发挥顶层设计与监管功能，保障数据要素安全交易，顺畅流通。其中，政府、企业、个人等作为数据源，供给海量数据；数交所、企业、数字交易中心等在“收—存—治”阶段发挥主要作用，共同将数据激活，转变为知识状态；数交所、企业、各级政府、个人等结合场景需求与痛点参与数据的交易和使用过程，充分激活数据的场景价值；政府、标准机构、受托监管机构等在此过程中承担监管职能，保障数据交易流通。通过多元主体的生态价值共创精准打通数据要素市场化配置“收—存—治—易—用—管”的各个核心环节，最终实现生态价值共创。

现有数据要素市场化配置以场外点对点交易为主，数据要素的场外交易比例远大于场内交易比例，企业参与场内交易动力不强、动机不足、机制不清。然而场外交易需要数据供给方与需求方点对点或者多方撮合交易，存在对接难、交易标准分散、交易匹配性差的难题，需以明确的场景问题为支撑。因此，需进一步激活场内交易。在此过程中，强化数据交易所在数据要素价值化共创生态中的主导地位并发挥其场景—数据匹配作用，引导多元数据交易主体进一步参与场内交易并激活数据要素市场化配置的生态共创机制。

（三）场景驱动数据要素市场化配置的过程逻辑

1. 公共场景

面向公共场景，以经济社会的可持续发展为使命，面向国家和民生发展的重大场景需求。公共场景使用教育医疗、水电煤气、交通通信等公共数据，具有一定公益属性，主要由公共企业事业单位运营，如上海和福建通过成立数据集团支持本地公共数据运营。公共数据的配置具有明确的授权机制，其难点不在于确权，而在于如何瞄准智慧城市、智慧教育、智慧医疗、智慧交通等公共场景的流程痛点，打破数据在“政—企—民”间信息孤岛和数据分割，以数据赋能公共场景搭建落地。公共场景中主要由政府及公共事业单位产出数据源，由数据交易所、交易中心、数商企业或城市大脑等相关数据基础设施作为数据收集、存储、治理的主体，最终交由政府和公共事业单位交易使用，并在此过程中由政府、标准机构、受托监管机构全程监管数据要素市场化配置的过程，实现数据交易合规合法。

以智慧城市为例，智慧城市是全局优化的过程，重在以城市居民为中心，打通数据壁垒，实现高密级数据可用不可见，低密级数据对居民开放可视化。杭州城市大脑以交通领域为突破口，利用数据改善城市交通，如今已覆盖警务、交通、文旅、健康等 11 个大系统和 48 个应用场景。通过“一张网”“一朵云”“一个库”“一个中枢”“一个大脑”拉动数据在市、区、部门间流动，在中枢、系统、平台、场景中互连，在政府与市场中互通。杭州城市大脑通过全面打通各类数据和各类场景，破除信息壁垒和数据孤岛，实现经济最优、治理最优、民生最优的公共场景全局优化。

2. 产业场景

面向产业场景，企业需充分激活产业供应链上下游的数据要素，面向智慧家居、智能制造、智慧零售、智慧居住等多元产业场景，解决产业的共性问题和需求痛点，以数据赋能新产业的培育、新业态的激活，把握产业发展的前瞻性趋势，其内核是解决产业数据价值化痛点。在产业场景中，数据要素配置的重难点在于数据的收集、流通和使用。首先，产业数据来源广、数据量大且数据权属不清，这为产业数据的收集带来难度。其次，产业链上下游间在有利益竞争关系时，如何开放和交易数据促进数据的流通也是一大难点。最后，如何使用数据切实解决产业数据价值化的痛点和需求是产业维度数据要素价值化的重点。产业场景由产业链上下游所有企业和用户作为数据源，主要使用产业的单个企业数据、企业间协作以及用户产生的数据。由企业、数交所、数据交易中心等作为数据市场化配置的主体，最终解决产业痛点，盘活产业数据资产。

以智慧居住产业为例，贝壳平台植根于产业场景本身，针对“假房源”的产业场景痛点，将房地产领域这种非标准化、长周期、具有复杂性的服务解构为20余个标准化的数据场景环节。企业借助人力、数字技术和工具系统在不同的环节交由不同的人员来处理，如交易员、带看员、录虚拟现实（Virtual Reality, VR）和增强现实（Augmented Reality, AR）视频的人员等，并对他们进行不同的教育，通过实行类似于贝壳信用[①]分的信任激励机制，使得房地产中介的经济过程变成了标准化数据支撑的服务过程。借助收集的门牌号码、户型、朝向、区位条件等多维数据，贝壳找房以真实房源数据搭建楼盘字典，沉淀数据资产，打通多元服务居住场景。与此同时，不断迭代升级技术与设备，实现了VR采房，VR看房，人工智能（Artificial Intelligence, AI）讲房的智慧新居住模式，真正在场景驱动下激活了房源数据价值，颠覆了产业潜规则，有效驱动居住行业的数字化转型，实现产业数字化和数字产业化的高效协同，从而构建中国居住服务的新生态。

3. 企业场景

面向企业场景，需瞄准企业运行的各个场景，如研发、生产、采购、销售、管理、财务等，重在激活整合企业内部及与外界交易的数据，场景驱动的核心在于用数据赋能企业业务增长和组织运行的重要环节。企业场景主要使用企业数据，其更加灵活，企业可决定自行管理或授权第三方企业开展数据要素市场化配置。由于企业所处的行业、自身体量，开展的业务存在差异，数据要素市场化配置的过程和重难点也各有不同。制造企业的数据在要素价值化过程中没有交易的过程，重在如何使用数据降本增效，体量较大的企业数据量大且庞杂，数据治理难度大，可能需要第三方数字技术厂商合作搭建数据中台，提高数据治理效率。企业场景下主要由企业作为数据的源出者，企业自身、数字技术服务企业、数据交易所等机构作为数据市场化配置的生态共创主体共同优化配置企业的制造数据、采购数据、销售数据、产线设备互联数据等，

① 一套依托于贝壳平台的奖惩评分体系。——编者注

解决企业业务运营的实际痛点，激活企业数据价值。

以三一重工为例，在生产环节，针对优化生产节拍的场景，三一重工利用树根互联的根云平台汇聚工厂里数千个数据采集点收集的工业大数据，在场景驱动下为每一道工序、每一个机型甚至每一把刀具匹配最优参数；针对优化园区水电量的场景需求，通过“三现四表互联”将场内设备和厂外设备搬到云平台，基于场景数据对高能耗设备重新排产，降低能耗成本，提升了三一重工智能制造的能力。

4. 用户场景

面向用户场景，数据要素市场化配置的核心是利用数据解决用户痛点，结合用户的个人信息与非个人信息，如基本信息、访问足迹、消费数据、浏览记录、个人存储数据和元宇宙交易数据等，充分解决用户衣食住行的难题。在用户场景下，数据要素市场化配置的重难点在于数据隐私保护、数据使用门槛和管理效率优化。用户场景下，主要由用户或其他用户产生数据源，企业、数据交易所、交易平台等通过推出数据应用和数据产品等解决用户痛点，有效面向用户完成数据要素配置。

针对用户需求，盒马依托阿里集团强大的用户消费行为数据深入洞察新一代高质量懒宅用户对生鲜产品的需求痛点，运用数据进行更精准的采购管理、上架管理、库存管理以及精准的广告投放和推送，实现购物便捷、送货快、商品丰富度高，通过全渠道的数据采集分析精准为消费者提供高性价比的产品和服务，提升用户零售体验。

三、场景驱动数据要素市场化配置的典型实践与机制

（一）场景驱动数据要素市场化配置的实践探索——以深数所为例

数据交易所作为数据要素市场化配置的重要基础设施，在数据交

易市场中发挥着重要作用，能够促进所在省域内城市的全要素生产率提高和经济增长。传统的数据交易市场存在数据源企业汇聚一大批原始数据，但交易过程中的使用方对如何治理使用数据未形成广泛能力的痛点问题，使得数据供需不匹配，使用门槛高。因此亟须培育面向数据应用和价值释放的场景创新的新型主体。而数据交易所 / 中心作为数字经济时代围绕场景开展数据供给与需求匹配机制探索的典型新质主体，已经成为国家和各地推进数据场景匹配（Context-Data Match，CDM）机制探索和生态建设实践的重要载体。2015 年 4 月 14 日，贵阳大数据交易所正式挂牌成立，成为我国第一个地方政府批复成立的数据交易所，之后各地相继成立数据交易所或交易中心。截至 2022 年年底，全国范围内由地方政府发起、主导或批复成立的数据交易所已有 39 家。

其中，深圳数据交易所（以下简称“深数所”）于 2022 年 11 月 15 日正式揭牌，截至 2023 年 2 月 28 日，深数所数据交易成交规模已突破 16 亿元，交易场景超过 75 个，市场参与主体 660 余家，覆盖省区市 20 余个，完成场内首笔跨境交易，入选深圳发展改革十大亮点，成为全国数据交易所中交易规模最大、数据市场化生态参与主体最多、开发应用场景数量最多的数据交易所，成为场景驱动数据要素市场化配置机制创新和实践的引领性典型案例。

深数所是在 2021 年设立的深圳数据交易有限公司基础上成立，成为加快落实中央《深圳建设中国特色社会主义先行示范区综合改革试点实施方案（2020—2025 年）》文件精神、深化数据要素市场化配置改革任务，打造全球数字先锋城市的重要实践。深数所以建设国家级数据交易所为目标，按照场景驱动创新的顶层逻辑设计，开展数据要素市场化配置机制探索，推动场景与数据深度融合，加速数字产业化、赋能产业数字化。自成立后，深数所在全国范围内首创供需匹配图谱，以场景高效匹配数据，聚集数据要素生态主体，构建了数据要素跨域、跨境流通的全国性交易平台，进一步以数据要素生态服务融通场景与数据，大幅度提升了应用场景创新能力与数据要素市场化配置效率，取得了阶段性的卓越成效。本部分基于对深数所的参与式跟踪访谈和研究，提炼出了深圳数据交易所场景驱动数据要素市场化配置的创新模式（图 4–2）。

具体而言，在生态主体汇聚上，深数所广泛对接政府、数商、其他数交所等多元数据要素生态主体，主要通过提供数据交易服务对接数据供需双方，提升数据收集、存储、治理、交易、使用、监管的全流程配置效率。围绕金融科技、数字营销、公共服务等 61 类重要应用场景，深数所聚集数据交易主体，汇集数据大类，产出数据产品，打造数据资源和数据产品的聚集高地。应用场景广泛覆盖的重点在于围绕场景重点，连接更多跨地区、跨行业、跨平台的数据商和其他数字化领域专业机构，打造高质量数据要素生态圈。截至 2023 年 2 月 28 日，深数所引入备案数据商 117 家，数据提供方 127 家，数据需求方 419 家，建立 3 个品牌数据专区，推出超 50 种重点领域的数据产品，联动 13 家数字化领域专业机构、89 位数据领域资深专家、触达 1 000 家以上市场主体。深数所的合作数商具有高度整合场景的数据库和数据产品，为数据资源与数据产品聚集、数据要素市场化配置提供有力基础。如“坤舆数聚”作为深数所首批数据商的重要成员，已是国内首家时空大数据数商，公司自身整合了国内外的一大批优质时空数据，如高分辨率卫星遥感数据、气象预报数据、物联网传感数据等，并与国内外权威机构和部分企业合作，在能源、农业、交通、旅游等场景下开发了一批批解决行业痛点的数据产品。深数所联合这些已具备数据要素化资产化能力的数商，鼓励更多数据源方共同构建更丰富的高质量数据源，在场景驱动下以更低的成本和更高的效率为不同场景汇聚更完备的数据要素和数据产品，以多元生态主体合作共创推动数据要素生态建设与价值激活。

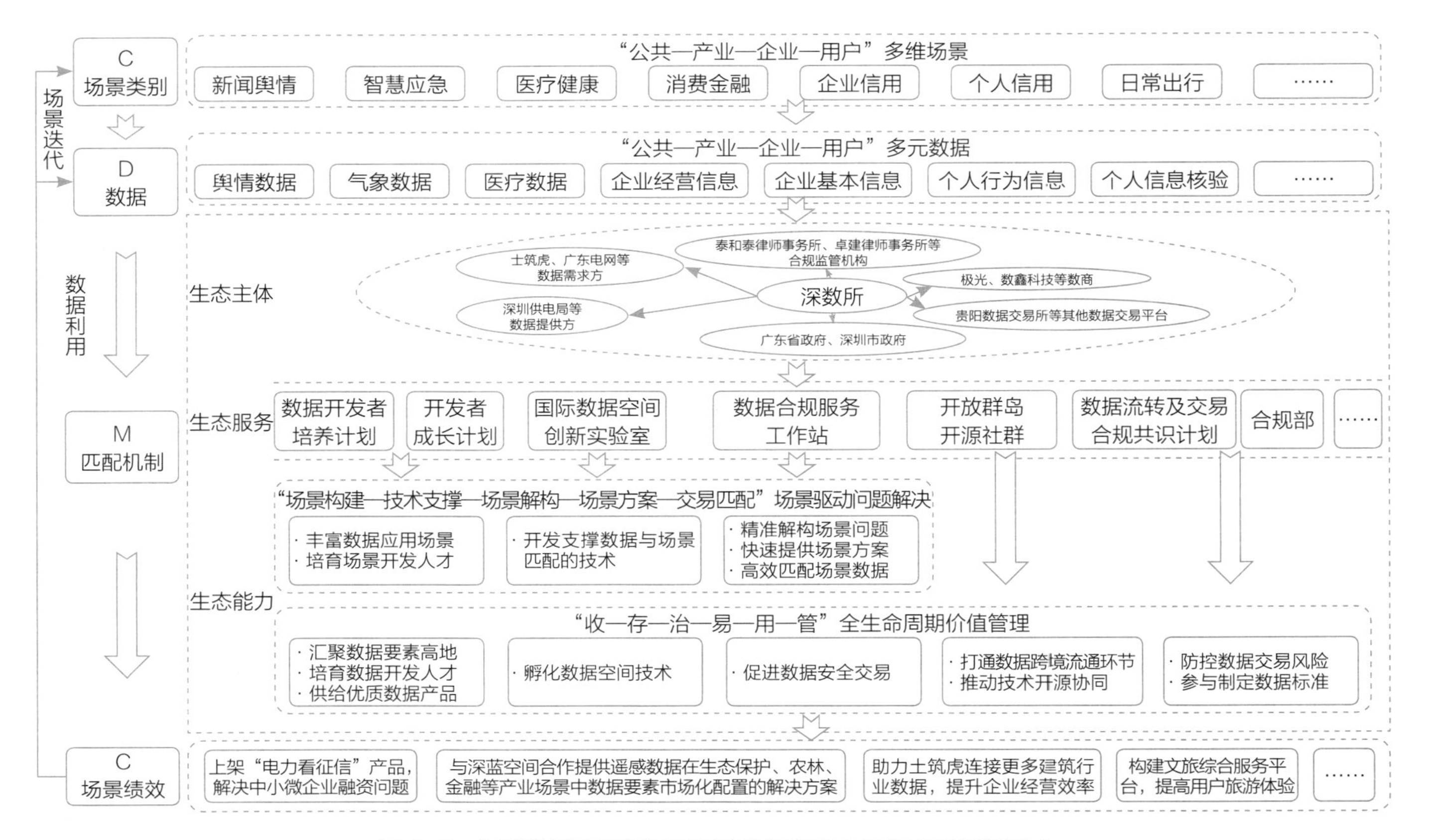

图 4-2　深圳数据交易所场景驱动数据要素市场化配置创新模式

在生态服务与生态能力上，深数所通过部署数据开发者培养计划配套开发者成长计划、国际数据空间创新实验室、开放群岛开源社群、数据合规服务工作站、数据流转及交易合规共识计划、合规部等生态计划从场景创新与数据要素市场化配置两方面布局数交所生态能力，推动高质量数据精准赋能高价值场景，解决公共、产业、企业、用户等多维场景痛点。

一方面，深数所通过数据开发者培养计划配套开发者成长计划、国际数据空间创新实验室、数据合规服务工作站联动场景与数据，提升场景培育、场景解构与“场景—数据”匹配能力，形成了“场景构建—技术支撑—场景解构—场景方案—交易匹配”的场景驱动问题解决的路径。“开发者培育计划”通过模拟数据交易市场，为广大的开发者、高校、学生、企业开发者提供基于数据安全可信的环境，构建基于开发者自身认知的行业应用孵化场景，并从中探索优质的数据产品，助力数交所培育数据开发稀缺人才，丰富数据场景应用，解构数据要素业务需求。国际数据空间创新实验室致力于成为国内首个数据空间技术体系孵化基地，通过孵化并构建自主知识产权、安全、可信、可控、可追溯的数据流通技术体系，推动数据、技术、场景融合应用。企业数据合规服务工作站主要提供数据合规和数据交易服务，筛选优质数据产品上架深数所，并匹配行业需求方的业务诉求，当数据需求方购买数据时，由工作站明确数据应用场景，进而通过深数所为该企业寻找合适的数据商并为其提供匹配合适的数据，协助企业基于业务场景有序、高效地开发利用数据资源。

另一方面，深数所通过开放群岛开源社群、数据流转及交易合规共识计划、设立合规部等生态计划，既提高数据交易撮合功能，也使深数所利用自身资源完成数据要素“收—存—治—易—用—管”的全生命周期价值管理。开放群岛与开源社群围绕技术开源协同、行业标准制定、数据要素场景落地等具体场景目标开展隐私计算、大数据、区块链、人工智能等前沿技术探索，为打通数据、平台、机构间的孤岛，实现数据跨地区、跨地域、跨平台的交易流通提供数字技术保障。在数据监管方面，深数所除了与国家政府、律所及其他合规机构合作，对内设立合规部，建立完善数据交易规则制度和管理规范，对外发起“数据流转及交易合规共识计划”，成立了由13位数据流转及法律合规领域具有卓越影响力的专家组成的专家委员会，为数据交易的合规性提供政策依据、法律保障以及操作指南，助力深数所防控数据交易风险，并参与制定数据标准。基于场景驱动数据匹配与要素市场化配置机制最终实现场景绩效的逻辑闭环，深数所开拓了场景驱动数据要素市场化配置的高能激活路径，为突破场景与数据难以有效融合的瓶颈问题提供实践启示。

（二）多维场景驱动的数据要素市场化配置新机制

基于深数所的数据要素市场化配置逻辑，本章针对数据要素市场化配置供需匹配机制难的问题提出“公共—产业—企业—用户”多维场景驱动的数据要素市场化配置的CDM机制。CDM机制的核心逻辑在于激活场内交易，数据交易所不仅提供交易撮合服务，更需发挥场景嵌入的核心职能。在场景驱动顶层逻辑下由职业经理人寻找实际场景，并将场景内的需求解构为需求清单，再联合数字技术服务、数据产品供给等多类数商角色共同把经授权的数据转化为场景化数据产品，以一个专业平台连接海量数据，联动数据要素生态，实行一个平台、一个标准，完成“场景—数据”最优匹配（图4–3）。

在CDM机制下，数据交易所基于公共、产业、企业、个人等多维场景汇聚分散无序的多元数据，通过与政府、数商、数据供需双方、合规机构、其他数据交易平台等生态主体合作，共同构建以数据交易所为中心、政府与多元数商共同赋能参与、合规机构保障、数据供需主体精准对接与场景价值满足的全要素价值共创生态。在此生态中，政府除提出公共维度场景问题外主要提供数据要素市场化配置的政策指引与监管规制，负责供给数据和数据产品的数据商只需结合自身专业技术和业务场景，打造并提供优质且匹配场景的数据产品与数据服务，保障有效数据的供给质量与数量，律所等机构主要开展数据合规业务，发挥监管功能，为统筹数据安全与发展提供坚实保障。数据交易所作为生态中心，围绕多维场景与多元数据匹配提供数据要素生态服务，构建场景驱动数据要素市场化配置的体系能力。一方面，通过培育场景开发者、场景解构者并提供场景解决方案为丰富数据应用场景、高效匹配数据场景、嵌入场景撮合交易提供有力抓手。另一方面，持续提供数据要素市场化配置全流程支持，通过链接数据收集、存储、治理主体聚集数据要素与优质数据产品，牵头研发数据交易技术提供技术保障，打通数据“收—存—治”三大环节；通过汇聚各类数据要素市场交易主体建设数据交易平台网络，融通数据交易枢纽；通过导出数据产品并与应用主体建立长远的合作关系打通数据应用市场；通过与合规机构合作并参与制定数据标准发挥数据监管职能，构建面向场景的合规体系。最终通过多维数据价值释放，充分赋能公共、产业、企业、用户场景。基于 CDM 机制，数据价值在多次复用、多元融合与高效匹配中充分激活，并进一步生成新数据，构建新场景，数据要素市场化配置生态更加繁荣。

面向公共、产业、企业、用户多维场景，数据交易所需进一步探索具体业务场景的“场景—数据”匹配机制。面向公共场景，由政府和公共事业单位向数商企业统一授权公共数据，如上海、贵阳、贵州将公共数据统一授权给云上贵州大数据产业发展有限公司，北京市统一授权给北京金融控股集团有限公司。由政企合作面向公共场景问题开发数据产品，经过筛选后公开上架数据交易所，由数据交易所为该数据产品快速匹配多元场景，结合业务找到该数据产品需求企业并最

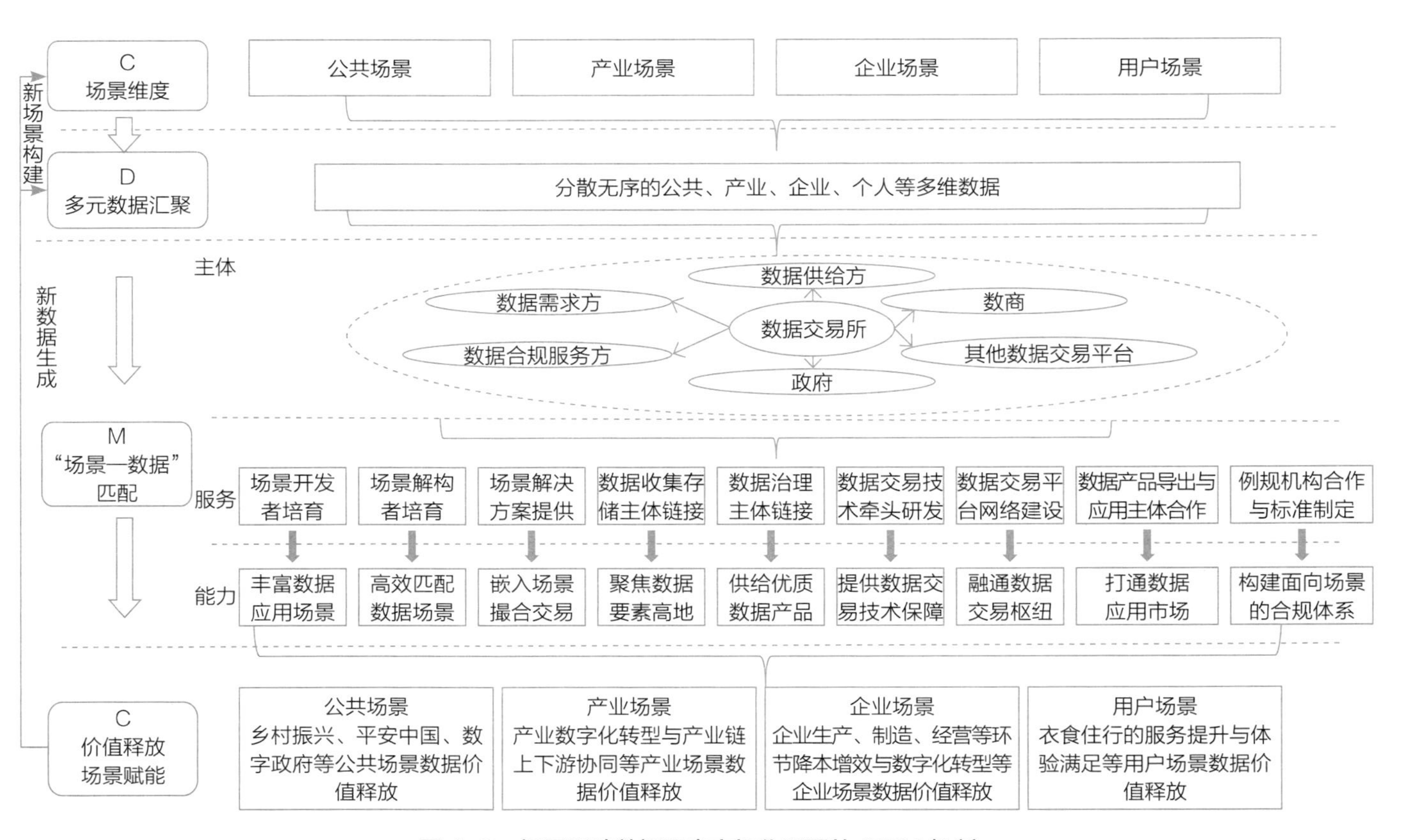

图 4-3　场景驱动数据要素市场化配置的 CDM 机制

终促成交易，实现数据—场景的多元匹配，打造公共数据在场景下的合规交易模式，解决公共难题。

面向产业场景，由企业与上下游合作机构深耕产业数据，开发基于场景的数据产品。在此基础上，企业与交易所合作，共同拓宽产业数据产品的应用场景，并将其投入场景试点探索产业数据产品在不同应用场景下的合规交易模式，由企业、数据交易所合作共创，打造具有国际竞争力的数据产业集群。

面向企业场景，针对企业业务痛点开发利用数据，通过“场景—数据”匹配使得企业积累的海量数据得到合规有效的开发，提升企业经营效率。企业既可以基于制造、生产等场景购买数据交易所的数据产品，由场景驱动数据高效配置，降低企业生产成本；又可以从业务维度接入数据交易所，依托数据交易所为获得更多数据匹配，提高企业业务收益。

面向用户场景，针对个人用户在数据分析开发方面的高门槛痛点，借助个人信息受托机制，由数据交易所联合数商开发面向用户的公共数据产品，让数据最大限度地普惠群众。用户只需通过数据交易所便能以较低的门槛购买所需的数据产品和服务，促进数据价值在用户层面释放，推动用户积极参与数据要素的市场化配置，培育繁荣的数据要素市场主体。

四、本章小结

推动场景驱动的数据要素市场化配置是顺应数字资源共建共享、统筹数字经济发展与安全的重大议题。本章梳理了场景驱动数据要素市场化配置的理论逻辑，提出数据要素主体生态共创的基本逻辑，梳理了多维场景驱动数据要素市场化配置的过程机制，以数交所为中心提炼了场景驱动数据要素市场化配置的CDM机制，打开了场景驱动数据要素市场化配置的过程黑箱。CDM 机制要求数据交易所从场景解决方案的角度出发，汇聚链接多元数据要素市场主体，在交易职能中进一步嵌入场景，将“场景—数据”匹配作为数据交易服务突破点，打通数据要素“收—存—治—易—用—管”各流程环节，最终实现数据价值释放与具体场景赋能，解决数据与场景难融合的问题，最终推动数字经济与实体经济深度融合。

本章首先提出了场景驱动的数据要素市场化配置，突破了数据要素市场化配置的线性逻辑，从场景驱动的视角建构了数据要素市场化配置的理论模式；接着，构建场景驱动数据要素市场化配置的共创生态，对标并超越了现有数据要素市场化配置的生态研究；而后，面向多元场景提出了数据要素市场化配置的机制，并以深数所为例提出了 CDM 机制，为进一步推动数据、技术和场景需求深度融合，构建中国特色数字经济发展新生态提供了理论价值。

在进一步以 CDM 机制指导数据要素市场化配置的过程中，需强化场景驱动的顶层逻辑和主导地位，数据交易所不仅要注重提高数据产品的供给质量，还需强化场景问题识别分析与解决的能力，开放公共、产业、企业、用户等多维场景的数据要素，打造专、精、特、新的数据要素专区，面向不同场景提供高效的数据解决方案，与政府、企业、律所、个人等多元主体协作搭建良好生态，进一步激励激发超大规模数据市场，丰富应用场景和海量数据的深度融通及赋能成效。与此同时，进一步推进数据要素市场化多元模式探索、重点培育场景创新人才、加快数据要素市场化生态培育，真正意义上把数据产业化、赋能产业数字化，促进新两化的发展，实现数字产业化和产业数字化协同发展的两大目标，促进全体人民共享数字红利。

本篇主要参考文献

[1] 陈劲，阳镇，朱子钦．新型举国体制的理论逻辑、落地模式与应用场景 [J]. 改革，2021（5）：1–17.

[2] 尹西明，陈泰伦，陈劲，等．面向科技自立自强的高能级创新联合体建设 [J]. 陕西师范大学学报（哲学社会科学版），2022，51（2）：51–60.

[3] 王玉荣，李宗洁．互联网 + 场景模式下反向驱动创新研究 [J]. 科技进步与对策，2017，34（20）：7–14.

[4] 江积海，阮文强．新零售企业商业模式场景化创新能创造价值倍增吗？[J]. 科学学研究，2020，38（2）：346–356.

[5] 尹西明，王新悦，陈劲，等．贝壳找房：自我颠覆的整合式创新引领产业数字化 [J]. 清华管理评论，2021（Z1）：118–128.

[6] 李健，渠珂，田歆，等．供应链金融商业模式、场景创新与风险规避——基于“橙分期”的案例研究 [J]. 管理评论，2022，34（2）：326–335.

[7] 尹西明，陈劲．产业数字化动态能力：源起、内涵与理论框架 [J]. 社会科学辑刊，2022（2）：114–123.

[8] 朱志华．场景驱动创新：科技与经济融合的加速器 [J]. 科技与金融，2021（7）：63–66.

[9] 陈劲．加强推动场景驱动的企业增长 [J]. 清华管理评论，2021（6）：1.

[10] 张华胜，薛澜．技术创新管理新范式：集成创新 [J]. 中国软科学，2002（12）：7–23.

[11] 丘海雄，谢昕琰．企业技术创新的线性范式与网络范式：基于经济社会学视角 [J]. 广东财经大学学报，2016，31（6）：16–26.

[12] LYNN L H, MOHAN REDDY N, ARAM J D. Linking technology and institutions: the innovation community framework[J]. Research Policy, 1996，25（1）：91–106.

[13] 柳卸林，何郁冰．基础研究是中国产业核心技术创新的源泉 [J]. 中国软科学，2011（4）：104–117.

[14] KUKUK M, STADLER M. Market Structure and Innovation Races / Marktstruktur und Innovationsrennen[J]. Jahrbücher für Nationalökonomie und Statistik, 2005，225.

[15] KLINE S J, ROSENBERG N. An Overview of Innovation. The Positive Sum Strategy: Harnessing Technology for Economic Growth[M]. Washington DC: National Academy Press, 1986.

[16] 陈劲，尹西明，梅亮．整合式创新：基于东方智慧的新兴创新范式 [J]. 技术经济，2017，36（12）：1–10，29.

[17] 俞荣建，李海明，项丽瑶．新兴技术创新：迭代逻辑、生态特征与突破路径 [J]. 自然辩证法研究，2018，34（9）：27–30.

[18] 尹本臻，邢黎闻，王宇峰．场景创新，驱动数字经济创新发展 [J]. 信息化建设，2020（8）：54–55.

[19] 王新刚．场景选择与设计：内外兼修方得正果 [J]. 清华管理评论，2021（6）：80–86.

[20] OWEN R, MACNAGHTEN P, STILGOE J. Responsible Research and Innovation: From Science in Society to Science for Society,

with Society[J]. Science and Public Policy，2012（39）：751–760.

[21] 莫祯贞，王建．场景：新经济创新发生器 [J]. 经济与管理，2018，32（6）：51–55.

[22] KENNY D, MARSHALL J. Contextual marketing: The real business of the Internet[J]. Harvard business review, 2000（78）：119–125.

[23] 孙艳艳，廖贝贝．冬奥场景驱动下的北京国际科创中心建设路径 [J]. 科技智囊，2022（5）：8–15.

[24] 刘昌新，吴静．塑造数字经济：数字化应用场景战略 [J]. 清华管理评论，2021（6）：92–96.

[25] 陈春花．2022 年经营关键词 [J]. 企业管理，2022（2）：11–13.

[26] 李高勇，刘露．场景数字化：构建场景驱动的发展模式 [J]. 清华管理评论，2021（6）：87–91.

[27] 钱菱潇，王荔妍．绿色场景创新：构建数字化驱动的发展模式 [J]. 清华管理评论，2022（3）：34–41.

[28] 邹波，杨晓龙，董彩婷．基于大数据合作资产的数字经济场景化创新 [J]. 北京交通大学学报（社会科学版），2021，20（4）：34–43.

[29] 尹西明，林镇阳，陈劲，等．数据要素价值化动态过程机制研究 [J]. 科学学研究，2021，40（2）：220–229.

[30] 尹西明，林镇阳，陈劲，等．数字基础设施赋能区域创新发展的过程机制研究——基于城市数据湖的案例研究 [J]. 科学学与科学技术管理，2022：1–18.

[31] SHARMA R S, YANG Y. A Hybrid Scenario Planning Methodology for Interactive Digital Media[J]. Long Range Planning, 2015，48

（6）：412–429.

[32] 卢珊，蔡莉，詹天悦，等．组织间共生关系：研究述评与展望 [J]. 外国经济与管理，2021，43（10）：68–84.

[33] 陈春花．价值共生：数字化时代新逻辑 [J]. 企业管理，2021（6）：6–9.

[34] 陈春花，朱丽，刘超，等．协同共生论：数字时代的新管理范式 [J]. 外国经济与管理，2022，44（1）：68–83.

[35] 陈劲，陈红花，尹西明，等．中国创新范式演进与发展——新中国成立以来创新理论研究回顾与思考 [J]. 陕西师范大学学报（哲学社会科学版），2020，49（1）：14–28.

[36] 陈春花，刘祯．水样组织：一个新的组织概念 [J]. 外国经济与管理，2017，39（7）：3–14.

[37] 陈春花，朱丽，钟皓，等．中国企业数字化生存管理实践视角的创新研究 [J]. 管理科学学报，2019（10）：1–8.

[38] 万碧玉．应用场景驱动下的数字孪生城市 [J]. 中国建设信息化，2020（13）：48–49.

[39] JONES C I, TONETTI C. Nonrivalry and the Economics of Data[J]. American Economic Review, 2020，110（9）：2819–2858.

[40] GREGORY R W, HENFRIDSSON O, KAGANER E, et al. Data Network Effects: Key Conditions, Shared Data, and the Data Value Duality[J]. Academy of Management Review, 2022，47(1):189–192.

[41] Krafft Manfred, Kumar V.， Harmeling Colleen, Singh Siddharth, Zhu Ting, Chen Jialie, Duncan Tom, Fortin Whitney, Rosa Erin.

Insight is power: Understanding the terms of the consumer–firm data exchange[J]. Journal of Retailing, 2020，97（1）：133–149.

[42] Sharma Manu, Joshi Sudhanshu. Digital supplier selection reinforcing supply chain quality management systems to enhance firm's performance[J]. The TQM Journal, 2023，35（1）：102–130.

[43] Rizk Aya, Ståhlbröst Anna, Elragal Ahmed. Data–driven innovation processes within federated networks[J]. European Journal of Innovation Management, 2022，25（6）：190–203.

[44] Rajiv Kohli, Nigel P. Melville. Digital innovation: A review and synthesis[J]. Information Systems Journal, 2019，29（1）：200–223.

[45] Peter C. Verhoef, Thijs Broekhuizen, Yakov Bart, Abhi Bhattacharya, John Qi Dong, Nicolai Fabian, Michael Haenlein. Digital transformation: A multidisciplinary reflection and research agenda[J]. Journal of Business Research, 2021（122）：889–901.

[46] 蔡跃洲．中国共产党领导的科技创新治理及其数字化转型——数据驱动的新型举国体制构建完善视角 [J]. 管理世界，2021，37（8）：30–46.

[47] 刘文革，贾卫萍．基于数据要素驱动的结构转型与经济增长研究 [J]. 工业技术经济，2022，41（6）：10–17.

[48] 陈国青，曾大军，卫强，等．大数据环境下的决策范式转变与使能创新 [J]．管理世界，2020，36（2）：95–105，220.

[49] 江积海，阮文强．新零售企业商业模式场景化创新能创造价

值倍增吗？[J]. 科学学研究，2020，38（2）：346–356.
[50] 俞鼎，李正风 . 智能社会实验：场景创新的责任鸿沟与治理 [J]. 科学学研究：1–15.
[51] 尹西明，林镇阳，陈劲，等 . 数据要素价值化动态过程机制研究 [J]. 科学学研究，2022，40（2）：220–229.
[52] 刘洋，应震洲，应瑛 . 数字创新能力：内涵结构与理论框架 [J]. 科学学研究，2021，39（6）：981–984，988.
[53] 孔艳芳，刘建旭，赵忠秀 . 数据要素市场化配置研究：内涵解构、运行机理与实践路径 [J]. 经济学家，2021（11）：24–32.
[54] 顾勤，周涛，钟书丽，等 . 信息–数据二维视角下的数据权属体系构建 [J]. 大数据，2022，8（5）：153–169.
[55] 蔡继明，刘媛，高宏，等 . 数据要素参与价值创造的途径——基于广义价值论的一般均衡分析 [J]. 管理世界，2022，38（7）：108–121.
[56] 乔晗，李卓伦 . 数据要素市场化配置效率评价研究 [J]. 中国科学院院刊，2022，37（10）：1444–1456.
[57] 尹西明，林镇阳，陈劲，等 . 数据要素价值化生态系统建构与市场化配置机制研究 [J]. 科技进步与对策，2022，39(22)：1–8.
[58] 李海舰，赵丽 . 数据成为生产要素：特征、机制与价值形态演进 [J]. 上海经济研究，2021（8）：48–59.
[59] 胡锴，熊焰，梁玲玲，等 . 技术和数据知识产品交易平台模式及实现路径 [J]. 科学学研究：1–18.
[60] 易成岐，窦悦，陈东，等 . 全国一体化大数据中心协同创新

体系：总体框架与战略价值 [J]. 电子政务，2021（6）：2–10.

[61] KENNY D, MARSHALL J. Contextual marketing: the real business of the Internet[J].Harvardbusinessreview, 2000（78）: 119–125.

[62] SHARMA R S, YANG Y.A hybrid scenario planning methodology for interactive digital media[J].Long Range Planning, 2015，48（6）：412–429.

[63] 尹西明，苏雅欣，陈劲，等 . 场景驱动的创新：内涵特征、理论逻辑与实践进路 [J]. 科技进步与对策，2022，39（15）：1–10.

[64] 李高勇，刘露 . 场景数字化：构建场景驱动的发展模式 [J]. 清华管理评论，2021（6）：87–91.

[65] 莫祯贞，王建 . 场景：新经济创新发生器 [J]. 经济与管理，2018，32（6）：51–55.

[66] 尹西明，陈劲 . 产业数字化动态能力：源起、内涵与理论框架 [J]. 社会科学辑刊，2022（2）：114–123.

[67] 孙艳艳，廖贝贝 . 冬奥场景驱动下的北京国际科创中心建设路径 [J]. 科技智囊，2022（5）：8–15.

[68] 尹西明，苏雅欣，李飞，等 . 共同富裕场景驱动科技成果转化的理论逻辑与路径思考 [J]. 科技中国，2022（8）：15–20.

[69] 尹西明，陈劲 . 产业数字化动态能力：源起、内涵与理论框架 [J]. 社会科学辑刊，2022（2）：114–123.

[70] 尹本臻，王宇峰 . 京沪场景革命对浙江数字化改革的启示 [J]. 信息化建设，2021（7）：25–27.

[71] 钱菱潇，王荔妍 . 绿色场景创新：构建数字化驱动的发展模

式 [J]. 清华管理评论，2022（3）：34–41.

[72] 邹波，杨晓龙，董彩婷 . 基于大数据合作资产的数字经济场景化创新 [J]. 北京交通大学学报（社会科学版），2021，20（4）：34–43.

[73] 缪沁男，魏江，杨升曦 . 服务型数字平台的赋能机制演化研究——基于钉钉的案例分析 [J]. 科学学研究，2022，40（1）：182–192.

[74] 陈兵，郭光坤 . 数据分类分级制度的定位与定则——以《数据安全法》为中心的展开 [J]. 中国特色社会主义研究，2022（3）：50–60.

[75] 刘然，孟奇勋，余忻怡 . 知识产权运营领域数据要素市场化配置路径研究 [J]. 科技进步与对策，2021，38（24）：9–17.

[76] 董微微，蔡玉胜，陈阳阳.数据驱动视角下创新生态系统价值共创行为演化博弈分析[J].工业技术经济，2021，40（12）：148–155.

[77] 董涛 . 知识产权数据治理研究 [J]. 管理世界，2022，38（4）：109–125.

[78] 李佳钰，黄甄铭，梁正 . 工业数据治理：核心议题、转型逻辑与研究框架 [J]. 科学学研究：1–18.

[79] 杨善林，丁帅，顾东晓，等 . 医疗健康大数据驱动的知识发现与知识服务方法 [J]. 管理世界，2022，38（1）：219–229.

[80] 胡泽鹏 . 数据价值化、全要素生产率和经济增长——基于 14 家大数据交易中心的分析 [J]. 工业技术经济，2022，41（12）：10–19.

战略与方法篇

第五章
数据要素价值化架构设计与机制

面对世界百年未有之大变局和中华民族伟大复兴战略全局，抢抓数字经济新赛道、培育数字经济新优势是在危机中育先机、于变局中开新局的战略选择，是“十四五”时期推进高水平科技自立自强、构建新发展格局的先手棋。习近平总书记在谈到构建新发展格局时多次提出要“加快推进数字经济、智能制造、生命健康、新材料等战略性新兴产业”“形成更多新增长点、增长极”，并在庆祝中国共产党成立100 周年大会讲话时进一步强调要“国有企业必须立足新发展阶段，完整、准确、全面贯彻新发展理念，构建新发展格局，推动高质量发展”，为新发展格局下加快数字创新和数字经济高质量发展指明新方向，确立新任务。

纵观当今世界，产业数字化和数字产业化正在加速重构区域、产业、国家乃至全球性创新生态，数字驱动型创新创业成为智慧城市建设、区域产业升级和创新发展的重要新引擎，数据要素已成为继土地、劳动力、资本、技术之后的第五大生产要素，对数据要素的有效应用和数字技术的协同整合，正在成为新发展阶段下中国经济超越追赶和高质量发展的强劲驱动力。如何推动数据资源的开发和利用，加快推进数据要素市场化配置，将数据要素转化为经济发展的生产力，打造更高质量和更可持续的数字驱动型经济发展模式，畅通国内大循环，构建新发展格局，不仅成为学术界关注的热点前沿，也是各区域乃至国际竞争的新的制高点。

在现有数字经济蓬勃发展和市场配置生产要素的条件下，数据有偿使用已成为共识，加快数字要素市场化配置和价值化实现已经成为各级政府和市场主体关注的核心热点议题。但由于数据要素标准化处理、确权和定价以及合规的交易规则仍未形成，且数据要素具有明显的可复制性和无限使用等特征，使得数据要素在当前市场化运营中存在明显的产权模糊问题，由此也引申出数据的隐私和安全问题，需要从社会层面、行业层面、企业层面、管理层面、技术层面等方面进行解决。而针对隐私与安全等规范化考虑，一定程度上会导致数据开放与流通受阻，进而形成“数据孤岛”和“数据烟囱”，无法达到数据流通需求的规模和密度，数据要素的市场化配置效率就大打折扣。

由此，在数据要素成为数字经济时代的基础性生产要素和市场主体核心竞争力重塑来源的大趋势下，如何准确界定数据要素权属、激发多元主体深度参与和协同共创，成为加快数据要素价值化、资产化和赋能数字经济高质量发展的关键难题。本章针对数据要素市场化配置和价值化实现的突出问题，引入“数据权属—参与主体—角色功能”三维一体的视角，建构了数据要素价值化的基本框架，进一步探究了多元主体参与下的数据要素价值化过程的“过程—权属”流转机制。本部分丰富和深化了数字经济基础设施和数据要素价值化的相关理论研究，为厘清数据要素价值化过程中涉及的数据要素权属界定、主体责任边界划分、协同共创机制建构等数据要素价值化关键难题提供破解思路，进而为建设和完善中国特色数据要素价值化制度设计，加快数据要素价值化、市场化配置和数字经济高质量发展提供重要理论和实践启示。

一、相关研究及评述

数据要素已经成为经济社会发展的重要基础性资源和生产要素，

数据驱动的创新创业正成为发展阶段创新引领高质量发展的重要战略议题。国内外针对数字经济，尤其是数据要素市场化配置与价值化实现的研究主要聚焦在数字经济的趋势、定义与分类、数据要素权属界定等核心议题。

（一）数字经济趋势、定义与分类研究

国内外学者对数字经济的定义尚未达成一致共识，存在多重视角。其中 2016 年二十国集团（G20）杭州峰会发布的《二十国集团数字经济发展与合作倡议》中的定义最具代表性："数字经济是指以使用数字化的知识和信息作为关键生产要素、以现代信息网络作为重要载体、以信息通信技术的有效使用作为效率提升和经济结构优化的重要推动力的一系列经济活动。"国家统计局公布的《数字经济及其核心产业统计分类（2021）》，首次确定了数字经济的基本范围，从数字产业化和产业数字化两个维度，将数字经济核心产业具体分为数字产品制造业、数字产品服务业、数字技术应用业、数字要素驱动业、数字化效率提升业 5 个大类。其中，前 4 个大类为数字产业化部分，即数字经济核心产业，是指为产业数字化发展提供数字技术、产品、服务、基础设施和解决方案，以及完全依赖于数字技术、数据要素的各类经济活动，是数字经济发展的基础。产业数字化部分，是指应用数字技术和数据资源为传统产业带来的产出增加和效率提升，是数字技术与实体经济的融合。

（二）数据要素权属界定研究

随着数据产品等市场行为的深化，数据要素表现出显著的经济利益属性，对数据要素应设定财产权利越来越得到大多数学者的认可。

由于数据要素所特有的公共物品属性，以及源于数据集合过程信息熵减所带来的经济价值，使其不同于传统的财产权类型。赵瑞琴等首先从静态视角提出数据所有权在法律逻辑上是绝对的、排他的、永续的，但在实践中分析则是动态分离的，占有权属于产生信息的微观个体，而使用权、收益权和处分权则属于收集、存储和处理信息的主体，由此看出数据要素在参与市场化的过程中的权属关系根据生态角色的转换是可以变动的。文禹衡认为数据确权问题从数据权、数据权利到数据财产权等视角正经历由“权利范式、权利—权力范式向私权—经济范式过渡”的过程。

具体来说，学者张钦昱从数据权利主体视角出发，论述了包括国家数据主权、政府公共数据权、企业的数据控制权及用户数据私权在内的数据权利构成。数据权利在数据要素全生命周期中隶属于不同的支配主体，产生之初由提供者支配，在数据处理阶段则被各类数据控制主体所支配。申卫星认为根据不同主体对数据形成的贡献来源和程度的不同，应当设定数据原发者拥有数据所有权与数据处理者拥有数据用益权的二元权利结构，数据用益权既可以基于数据所有权人授权和数据收集、加工等事实行为取得，也可以通过共享、交易等方式间接取得。部分学者认为不应赋予数据处理企业数据所有权，由于数据要素复制成本极低，平台企业很容易通过合同、协议将数据所有权低价甚至免费流转到自己手中。所有权可能会造成数据壁垒和垄断，降低数据的可获得性，导致数据市场扭曲。当然，由消费者个人掌控数据所有权，有利于开展交易但会使创新性受限，一定程度上会限制数据要素的流转和交易。若由平台机构掌控，社会总经济效益可能会达到最优，但垄断和滥用会反噬交易规模。若赋予个人数据所有权，对于个体数据隐私和安全的保障力度则相对有限。

对此，为避免数据滥用和垄断，应当针对不同隐私和风险级别的个人信息，给予数据生产者（自然人）不同级别的拒绝权、可携权和收益权等数据控制权，赋予数据产品持有者（例如数据收集者、设备生产者等）有限制的占有权（除所有权之外的收益权、使用权等权益集合）。现有更多研究成果建议将数据归属于数据产生者、数据主体、数据控制者、平台企业、数据编辑者、投资者、数据所有者等。

由上述梳理可知，数据产权相关研究在权属安排、制度设计、权利保护等方面出现了新突破，但缺乏按照市场化实践过程、生态角色进行权利属性的划分，对数据价值如何产生于不同市场主体，并通过流转实现增值的过程进行剖析，忽略了生态角色在数据确权中应享有的基本权益，无法将现有的研究问题细化。

因此，笔者认为要保证数据要素市场化的顺利推进，需要明确市场化运行机制中哪些权益是数据交易的前提和核算基础，数据权利如何产生以及产生于哪个环节。已有研究对于数据市场化过程以及内容的界定相对比较多元且完善，但忽略了市场化过程中各环节、各市场主体应享有的基本权益，以及权益的流转和变化。只有从本源逐层对数据要素市场化的流程和权利形成进行解构，才是明晰并推动数据要素市场建设的核心所在。如何就不同的数据生产者以及市场参与主体设定不同权利，并依据何种逻辑在这些数据形成的参与者之间分配权利，成为当下数据权利体系构建和要素市场化的焦点和难点，亟须调整思路以构建合理的新数据权利体系。

概括而言，现有针对数字经济的理论研究和政策实践均指向了数字经济高质量发展的前沿和关键核心难题——在新发展阶段，如何做才能有效破解数据要素市场化配置、打开数字价值化的过程“黑箱”、明确数据要素市场化配置和价值化实现的权属界定与分离机制，以及这一复杂过程中多元主体定位与激励相容机制设计等数字经济发展的诸多挑战，完善中国数字经济发展的市场化价值化配置基础理论，加快数字经济与实体经济融合，从而有效助力构建新发展格局和实现高质量发展。

二、“数据权属—参与主体—角色功能”视角下的数据要素价值化架构设计

数据权属作为最基本的数据产权界定和价值化实现的复合前提，通常包括数据所有权、数据运营权和数据使用与收益权三方面。分主体看，可主要从政府、企业（数据产生企业和数据处理平台企业）和个人三个维度展示数据的权利图谱和各个主体的角色定位与功能发挥（表 5–1）。在理清“数据权属—参与主体—角色功能”的基础上，才能够进一步引入数据监管视角，建构中国特色的数据监管权力体系，统筹数据要素安全与数字经济高质量发展，实现可信数据要素价值化和市场化。

表 5–1 “数据权属—参与主体—角色功能”视角下的数据要素价值化架构设计

数据权属	参与主体	角色功能
使用权	数据交易所（中心）	数据资产化、产品化、证券化、数据交易与变现
	实体企业、数据信托、证券公司等机构交易者和个体交易者	
运营权	（国家）数据银行等数据要素价值化基础设施	数据受托进行汇聚、存储、治理、运营与增值服务
所有权	政府、企业、数字平台、个人	数据创造者、原始数据拥有方、数据授权来源方和潜在终端用户

简而言之，“数据权属—参与主体—角色功能”视角下数据要素价值化架构，从数据所有权、运营权和使用权“三权分立与过渡”的过程视角，细化了数据要素市场化配置和价值化实现过程中的参与主体和角色功能：

首先，最根本的权利是分属于数据创造者、原始数据拥有方、数据授权来源方和潜在用户的所有权，参与主体主要是政府、企业、数

字平台以及个人等数据源出方。

其次，运营权的归集，主要的角色功能是由政府授权的数据要素价值化基础设施，受托进行数据汇聚、存储、治理、运营与增值等服务。

最后，使用权，数据使用和交易是赋能社会化发展的重要环节，也是数据要素市场化价值变现的核心体现。比如可以依托数据交易所、实体企业、数据信托等机构进行数据资产化、产品化、证券化处理，完成数据交易和变现，也可利用城市大脑、安全大脑、企业大脑，以及生态伙伴标准产品推广等来实现。

根据上述分析可知，数据权利并非单一权利，会根据市场角色、参与主体，以及场景制定的差异形成涉域较广的“权利束”。下文将从数据要素市场的参与主体入手，从政府、企业和个人三个维度分述数据的权利图谱。

（一）政府的数据权利

伴随政府治理能力和治理水平的不断提高，在履职过程中集聚大量数据资源。行政机关对这部分公共数据资源所享有的相关权利，即政府数据权。各级行政机关和国家公共部门是政府数据最重要的主体，在明确政府数据权的内容及权限范围和归属在满足市场主体对公共数据知情需求以及使用需求的同时，有助于行政机关充分利用政府数据为公民和企业提供更好的服务，以推动数字政府的高效建设和治理。

对于政务数据的产权归属问题，观点较为明确。政府拥有数据共享权，即公共数据为政府所拥有，有对社会进行公开和共享的权利。数据获取权及所有权是指行政机关为实现行政管理需求，通过一定的技术手段提供符合国家安全和社会行政机关的公共服务，从而无偿或有偿地获取有关政治、经济、文化、社会和生态等多领域的数据资源。数据共享权形成于行政机关内部，不同机构生成的公共数据被划分在不同的政府部门。由于在数据产生之初限制流通和缺乏管理等问题的存在，导致大量政务数据未在部门间进行流动，带来数据资源和要素价值的严重浪费和被低估。数据开放权是政府公共数据向公众开放数据的权利。行政机关作为政务数据的搜集方和生产主体，拥有对公共数据要素这类公共产品的绝对管理权限，政府部门可通过行使数据开放权实现来满足公众、企业对于政府数据获取和使用的需求。数据许可使用权则是由于政府公共数据涉及国家安全、公共利益、社会组织权益以及公民权利等多方面内容，其核心在于政府进行数据公开的范围和边界限定。因此，政府机构在行使许可使用权时应权衡公共安全和社会发展的双重协调。

（二）从事社会生产的企业数据权利

从事社会生产的企业所拥有的数据权利源于自身经营数据，比如企业根据其经营需要所生成的信息，包括企业信息、经营成本和收入等内容。一般以数据所有者和数据控制者的身份出现。企业使用自身数据获取商业利益的整体过程即是数据所有权和数据运营权的体现，通常包括数据使用权、数据支配权、数据流转权等。该类数据权利的明确归属有助于推动企业经营发展，帮助企业挖掘潜在客户群、构建高效营销网络。

数据使用权是指企业对自有数据进行整理、加工、修改、分析、收益的权利。企业通过对经营数据进行分析，找到数据信息背后所蕴含的内在规律，将企业数据经济价值变现，助力企业获得竞争优势，实现对企业经营的动态化管理。数据支配权，是指企业对于自身经营产生的数据加以支配并享受其利益，以及排斥他人干涉的权利。数据流转权是实现企业数据价值的直接手段，是指企业通过交易、传播等形式获取商业利益，实现企业数据价值的权利。数据流转权可分为数据交易权与数据传播权。数据交易权需要通过企业将其获取的数据权利与其他市场主体进行买卖来实现。数据传播权则是指企业为扩大自身影响力或以实现公共利益为目的将数据向社会和公众公开的权利。

（三）数据平台企业的数据权利

平台企业数据权利是指平台企业基于商业运营的需要，对其所持有的数据应享有的权利。平台企业的动态生产“链条”包含数据收集、数据存储、数据治理、数据使用和数据交易等步骤。只有经过收集的数据才能被视为由平台企业控制，企业应严格控制数据的收集、存储、治理、分析和传播等环节，平台企业收集的原始数据需经过复杂的处理流程才能成为企业产生实质经济价值的“有效数据”。因此，笔者认为应赋予数据平台企业有限制的数据占有权和运营权。由于数据平台企业所主导的场景各有侧重，其所拥有的数据占有权需要进行进一步细分。

数据收集企业占有权作为数据要素市场化和资产化的“源泉”，奠定了数据权属流转的根基，可以细分为数据采集权、数据转让权等。平台企业数据权的权利客体为数据集合以及数据加工产品，通过对大量数据进行脱敏、整合和加工分析，将会抽象出数据主体背后的普遍性特征是该市场主体的价值所在。数据占有权在数据权利转移、授权时发生效力。若缺少关键性的排他性保护手段，企业仅能选择通过设置技术壁垒以实现对专有数据的控制，对整体社会效益有害无利。因此，为保障数据的合理流动和高效利用，必须赋予平台企业一定的数据运营权和占有权。数据流转权是指平台型企业通过流通、交易等形式实现数据要素价值的权利。

（四）个人数据权利

通过上述分析可知数据要素价值化的前提是数据确权，确权的核心在于企业对数据的使用和对个人原始数据的处理，要以保护数据安全为第一要务。因此，赋予个人数据生产者以数据所有权，是保障个人权益的核心体现。数字经济背景下的数据产生和流动会经历原始数据生产和数据集生产这两个生产过程。基于上述数据生产的接续过程，并结合欧盟《一般数据保护条例》，笔者认为可将个人用户数据权利细化为数据收集确认权、数据汇集介入权、数据处理保障权等。

数据收集确认权是指公众对向数据控制者等提供的初始数据享有的知晓相关信息的权利，由于个人隐私信息的高风险和高稀缺性，且公众又是数据产品和服务的最终用户，因此个人应享有严格的对数据的所有权和收益权，数据要素要经过数据所有者明示同意才能进入市场流通。个人数据的所有权优先于占有权，其特征包括数据内容全面性和准确性、行权的高保障性和及时性。因此，数据收集确认权可以细分为一般知情权、原始数据更正权和特殊访问权。数据汇集介入权是指公众在数据控制者处理数据阶段所享有的对于数据信息处理目的和法律基础等信息的知晓权，公众可要求更正处理不当的信息、享有控制者进行信息处理或传输后形成的数据产品等的限制性占有权利，具体可分为特殊信息知情权、对信息进行处理后的更正权、对信息处理不当的反对权以及数据携带权等权利，这有助于提供更加优质的产品服务。数据处理保障权是指在控制者处理完数据后，自然人或者个人用户有权通知数据控制者核实并纠正对个人数据的不当流转，或要求控制者删除与其个人数据相关的存储、备份或复制的权利。由于个人数据无法随时被感知，通常被存放在网络及系统中，因此赋予其显著的财产权益相对困难，核心在于强制性，要首先聚焦于个人隐私权利的保护，其他法律权利和经济权利均处于次要位置。

根据上述分析和数据要素市场化运行机制的核心流程，本章将数据要素权利流转过程主要归集为三方面，即最根本的数据所有权、授权使用数据的数据运营权，以及让渡部分所有权后的数据使用权，见表 5-2。

表 5-2 数据权属归类细分设计

数据权属归类	权属细分
使用权（有偿让渡部分所有权）	数据使用者（企业、政府等）：1. 生产性使用权；2. 经营活动自主权；3. 增量数据用益权；4. 二次处理数据所有权
运营权（授权运营、治理和有限有偿使用）	平台企业：1. 数据收集权；2. 数据支配权；3. 数据流转权；4. 数据开发权；5. 数据许可权
所有权（占有权、使用权、收益权、处分权）	政府数据：1. 数据共享权（部门数据共享权）、公共数据开放权；2. 数据获取权 企业数据：1. 数据所有权；2. 数据控制权（支配、流转、许可权） 个人数据：1. 数据收集确认权（一般知情权、对原始数据的更正权和特殊情形下的访问权）；2. 数据汇集介入权（特殊知情权、对信息处理后的更正权、基于自身原因或数据不当处理的反对权）；3. 数据携带权；4. 数据处理保障权（限制处理权、被遗忘权）

三、“数据权属—参与主体—角色功能”视角下的数据要素价值化“过程—权属”流转机制

结合数据主体权利归集和数据要素市场化流转过程的多视角分析，在数据要素价值化架构设计和具体实施过程中，需要结合数据要素价值化的价值链与产业链，从数据市场化配置的全生命周期入手，

进一步认知数据要素价值化良性所内嵌的“过程—权属”流转机制，理清数据市场化流通和价值化过程中不同数据权利在生态系统中的流转过程、流转规则和行权主体。

对此，本章在“数据权属—参与主体—角色功能”三维一体的架构设计基础上，构建如图 5-1 所示的数据要素价值化“过程—权属”流转机制。其中，横轴是数据要素价值化过程，纵轴为数据权属内容，曲线表示随着数据要素参与市场化配置和价值实现流程中不同阶段角色的变动以及权属变更、分离所带来的价值变现过程。

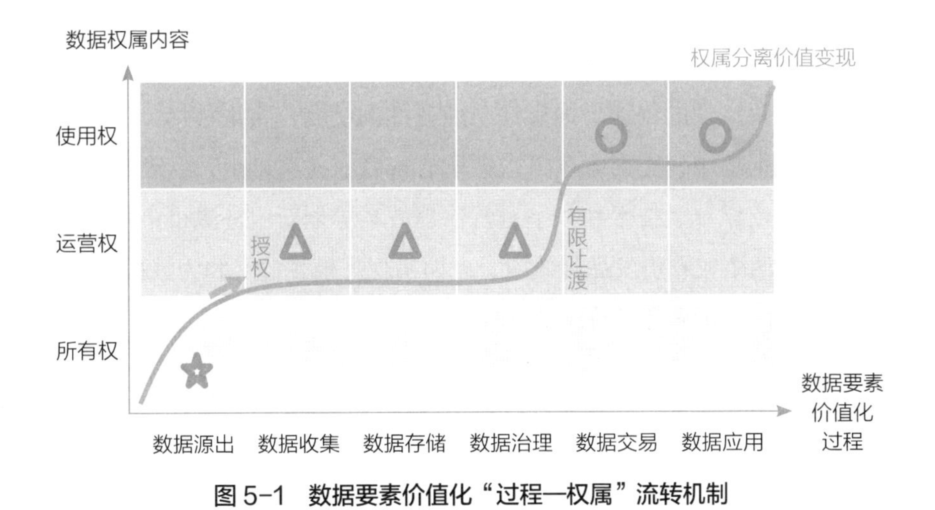

图 5-1 数据要素价值化“过程—权属”流转机制

具体来说，对于个人、企业和政府等数据源出者基本主体，赋予其最根本的数据所有权，是尊重数据权利源泉的表现，也是市场化配置的过程中依照契约精神进行权利交易和价值变现的基石。而所有权和运营权、使用权以及最终收益权的权益分离，也为释放数据要素对经济发展和社会进步的杠杆效应奠定了基础。

为实现数据要素的资产化和市场化，需要数据源出者根据相关数据保护和治理法律法规，通过自愿原则基础上的全部授权或分级授权机制，赋予数据运营平台等运营主体以数据收集、存储、治理等数据运营权，提供统一便捷的数据获取、存储、管理、治理、分析、可视化等服务，为数据交易和基于特定场景、特定业务的个性化需求与场景化应用奠定基础。这一过程最关键的是完成数据所有权向数据运营权的有限让渡，赋予数据处理者运营权以尊重平台企业对数据依法依规存储、清洗治理和适度增值服务方案的投入，并使得包括数据湖、数据银行、平台型数字基础设施等运营主体得以借助海量存储数据完善平台运营架构、优化大数据算法和提供模块化的数据存储与治理服务。这一阶段的主要商业模式是通过面向数据源出者的多元主体提供更优质、高效和高性价比的数据运营服务来收费或以服务交换数据所有者的分级分类授权、受托运营。这一阶段最关键的挑战在于如何实现数据运营治理的创新公地属性与商业性的结合，实现可信、可靠和可控的数据运维，在充分尊重数据所有权者权益基础上，合理推进数据运营，依靠数字技术和数字运营治理方案等创新服务赢得市场标准制定权、话语权和引发品牌效应，进而实现规模效益，并为数据交易、数据应用提供可靠和可持续的支撑。

而到了数据交易和数据应用环节，则是最市场化、场景最复杂、需求最多元和定价最个性化的阶段。这一过程的关键在于数据所有者（源出者）通过数据运营主体或者授权数据运营主体参与市场化数据交易，或者通过信托服务、委托交易等方式把数据交易权有限让渡给数据运营主体、数据交易中心、数据交易所进一步交易和变现。通过对数据所有权的有限让渡，数据应用和数据交易平台可以获得部分数据使用权，对数据进行控制、研发、许可乃至转让，进一步实现了对数据资产的高效市场化运营。如同创新的最终目的是实现商业和社会价值创造并获得多重收益，数据作为一种重要的新型基础性生产要素，进入市场流转和参与市场化配置的最终目的是实现数据产业化、赋能产业数字化。即通过多元主体、数字基础设施等新型载体和新兴业态，提供基于数据的新服务新产品，或者应用于实体经济的生产与消费场景中，在权属分离和主体互动的过程中，深度参与一次分配和二次分配，创造包括经济、社会、生态和政治等多维价值。

四、本章小结

数据要素作为数字经济的微观基础和创新引擎，促进数据要素市场化流通和价值化实现是大势所趋，也是新发展阶段畅通国内大循环、促进国内国际双循环和高质量发展的重要抓手。数据权属的明晰有利于保护数据主体权益并维护数据安全，并进一步引导数据要素向先进生产力协同聚集，对健全数据要素市场化运行机制和加快数据要素价值化具有关键性作用。本章在明确数据要素市场化过程中不同生态主体的权利属性与角色功能后，将数据要素市场化过程中的权属流转归集为数据所有权、数据运营权和数据使用权三大类。具体来说，应当设定数据源出者拥有数据所有权，数据处理者（收集、存储和治理环节）拥有数据运营权和数据流通者（应用和交易环节）拥有使用权的三元权利结构，打通数据要素融通环节壁垒，以实现数据要素资产化的高效运营和财产权益的均衡分配。丰富和深化了数字经济基础设施和数据要素价值化的相关理论研究，为理清数据要素价值化过程中涉及的数据权属界定、主体责任边界与协同共创机制，加快数据要素价值化、市场化配置和数字经济高质量发展提供重要理论指导和实践启示。

展望未来，我国亟须在“数据权属—参与主体—角色功能”三维一体的系统观和整体观指导下，抓住数字经济发展的战略机遇，进一步深入研究数据要素价值观的微观过程机制和监管治理体系建设，从优化数据要素价值化顶层设计，推进数据要素权属界定与法律完善，建设和完善数据要素价值化基础设施，以平台化市场化的方式加快数据要素变现等方面多管齐下，探索建构中国特色的数据要素价值化生态系统的相关理论研究与政策设计，探索形成数据要素市场化配置机制与价值实现的中国模式，破解数据隐私治理和数据要素市场化配置潜在的“二元悖论”，统筹数据安全和数字经济高质量发展，为贯彻新发展理念、构建新发展格局、塑造新发展优势提供强大而持续的生态支撑。

本章主要参考文献

[1] 马建堂 . 建设高标准市场体系与构建新发展格局 [J]. 管理世界，2021，37（5）：1–10.

[2] 尹西明，林镇阳，陈劲，等 . 数据要素价值化动态过程机制研究 [J]. 科学学研究，2021（网络首发）：1–18.

[3] 刘洋，董久钰，魏江 . 数字创新管理：理论框架与未来研究 [J]. 管理世界，2020，36（7）：198–217，219.

[4] CIARLI T, KENNEY M, MASSINI S, et al. Digital technologies, innovation, and skills: Emerging trajectories and challenges[J]. Research Policy, 2021：104289.

[5] 柳卸林，董彩婷，丁雪辰 . 数字创新时代：中国的机遇与挑战 [J]. 科学学与科学技术管理，2020，41（6）：3–15.

[6] 刘淑春，闫津臣，张思雪，等 . 企业管理数字化变革能提升投入产出效率吗 [J]. 管理世界，2021，37（5）：170–190，13.

[7] PORTER M, HEPPELMANN J. How Smart, Connected Products Are Transforming Competition[J]. Harvard Business Review, 2014（11）：96–114.

[8] 康瑾，陈凯华 . 数字创新发展经济体系：框架、演化与增值效应 [J]. 科研管理，2021，42（4）：1–10.

[9] CIURIAK D. The Economics of Data: Implications for the Data–Driven Economy[R]. ID 3118022，Rochester, NY: Social Science Research Network, 2018.

[10] 梅春，林敏华，程飞 . 本地锦标赛激励与企业创新产出 [J]. 南开管理评论，2021：1–31.

[11] 陈劲，阳镇，尹西明．双循环新发展格局下的中国科技创新战略 [J]. 当代经济科学，2020（网络首发）：1–12.
[12] 新华网．中华人民共和国数据安全法 [EB/OL].（2021–06–10）[2021–06–11]. http://www.xinhuanet.com/2021–06/11/c_1127552204.htm.
[13] GOBBLE M M. Digitalization, Digitization, and Innovation[J]. Research–Technology Management, 2018，61（4）：56–59.
[14] 何玉长，王伟．数据要素市场化的理论阐释 [J]. 当代经济研究，2021（4）：33–44.
[15] 赵瑞琴，孙鹏．确权、交易、资产化：对大数据转为生产要素基础理论问题的再思考 [J]. 商业经济与管理，2021（1）：16–26.
[16] 文禹衡．数据确权的范式嬗变、概念选择与归属主体 [J]. 东北师大学报（哲学社会科学版），2019（5）：69–78.
[17] 张钦昱．数据权利的归集：逻辑与进路 [J]. 上海政法学院学报（法治论丛），2021，36（4）：113–130.
[18] 申卫星．论数据用益权 [J]. 中国社会科学，2020（11）：110–131，207.
[19] DREXL J. Designing Competitive Markets for Industrial Data Between Propertisation and Access[R]. ID 2862975，Rochester, NY: Social Science Research Network, 2016.
[20] 熊巧琴，汤珂．数据要素的界权、交易和定价研究进展 [J]. 经济学动态，2021（2）：143–158.
[21] 费方域，闫自信，陈永伟，等．数字经济时代数据性质、产权和竞争 [J]. 财经问题研究，2018（2）：3–21.

[22] 王一鸣 . 百年大变局、高质量发展与构建新发展格局 [J]. 管理世界，2020，36（12）：1–13.

[23] 林镇阳，聂耀昱，尹西明，等 . 多措并举推进国家数据安全建设和数字经济高质量发展 [EB/OL].（2021–08–02）[2021–08–03]. https://share.gmw.cn/www/xueshu/2021–08/02/content_35047231.htm.

[24] 焦海洋 . 中国政府数据开放共享的正当性辨析 [J]. 电子政务，2017（5）：19–27.

[25] 吕廷君 . 数据权体系及其法治意义 [J]. 中共中央党校学报，2017，21（5）：81–88.

[26] 时明涛 . 大数据时代企业数据权利保护的困境与突破 [J]. 电子知识产权，2020（7）：61–73.

[27] 魏远山 . 我国数据权演进历程回顾与趋势展望 [J]. 图书馆论坛，2021，41（1）：119–131.

[28] 高富平 . 数据流通理论数据资源权利配置的基础 [J]. 中外法学，2019，31（6）：1405–1424.

[29] 黄震，蒋松成 . 数据控制者的权利与限制 [J]. 陕西师范大学学报（哲学社会科学版），2019，48（6）：34–44.

[30] 高富平 . 数据生产理论——数据资源权利配置的基础理论 [J]. 交大法学，2019（4）：5–19.

第六章

数据要素价值化生态系统建构与市场化配置

随着新兴数字技术的快速发展和迭代，特别是在数据要素成为继土地、劳动、资本、技术之后的第五大生产要素后，数据要素高效配置和数字技术整合应用成为新发展阶段构建新发展格局的强劲驱动力。2021 年 10 月 18 日，习近平总书记主持中共中央政治局第三十四次集体学习时强调“数字经济发展速度之快、辐射范围之广、影响程度之深前所未有，正在成为重组全球要素资源、重塑全球经济结构、改变全球竞争格局的关键力量”“统筹国内国际两个大局、发展安全两件大事，充分发挥海量数据和丰富应用场景优势，促进数字技术与实体经济深度融合，赋能传统产业转型升级，催生新产业新业态新模式，不断做强做优做大我国数字经济”。《“十四五”数字经济发展规划》进一步明确“十四五”期间要“以数据为关键要素，以数字技术与实体经济深度融合为主线，加强数字基础设施建设，完善数字经济治理体系，协同推进数字产业化和产业数字化”。北京、浙江、上海、深圳等密集出台了一系列促进数据要素价值化、打造数字经济高地的政策举措，掀起了新一轮以数字经济为竞争焦点的区域创新“锦标赛”。但在数据要素价值化、资产化过程中依然存在数据权属难以确定、缺乏标准定价、交易规则等问题，严重制约了数据要素价值释放。对此，本章针对数据要素市场化配置中的突出问题，基于“数据权属—参与主体—角色功能”三维一体整合式创新视角，构建多元主体参与数据要素价值化过程的创新生态系统，深入剖析数据要素价值化过程机制，就如何准确界定数据要素权属，激发多元主体深度参与和协同共创，加快数据要素价值化、资产化和赋能数字经济高质量发展提供理论依据和实践解决方案。

本章内容的创新之处在于：首先，通过拓展数字化、市场化情境下数据要素参与多主体生态系统实践研究范畴，能够深入解析基于数据价值化的生态系统构成及其运行机制；其次，运用数据全生命周期管理体系系统思维，对数据要素“收—存—治—易—用—管”的市场化配置和价值实现机制进行剖析和深化，能够为数据要素生态系统中多元主体深度参与、高效互动以及协同实现动态数据要素赋能效应提供借鉴；最后，还能够为数字经济相关部门推进制度创新、优化数字要素市场化配置顶层设计、建设数据要素价值化生态系、加快支撑数字中国建设提供重要的决策参考。

一、研究评述

在数字经济的大背景下，数据要素成为推动社会、经济高质量发展的核心动力和关键性引擎。目前，国内外学者针对数据要素、市场化配置以及价值化实现的研究主要聚焦于数据要素定义、分类，数据要素价值化作用机理、实现路径和数据要素权属界定等方面。

（一）数据要素价值化机理

中国信息通信研究院在《中国数字经济发展白皮书（2020 年）》中归纳了数据要素价值化的概念。针对数据要素价值化的研究呈现经济、管理、法律和公共管理多元视角交叉趋势。首先，从要素理论层面，数据作为新型生产要素贯穿于数字经济时代产业发展全流程，通过与其他传统生产要素不断融合、迭代，可以形成新要素组合和要素结构，加速数据要素红利释放。林志杰等从生产要素融合视角出发，认为数据价值化过程可以驱动传统生产要素与数据要素优化重组，实现数据要素全方位赋能经济、社会发展。具体来说，数据要素价值化过程与劳动和资本要素的融合主要体现在两个方面：一方面，数据收集、存储、处理、分析等一系列劳动与数据相结合能够形成新知识，并将新知识应用于企业管理和决策；另一方面，“倒逼”数据成为生产要素数字基础设施，促使数字技术发展以资本投入为基础，数字技术与资本相结合形成数字化资本。由此可见，数据作为“黏合剂”全面融入劳动与资本等传统生产要素，能够有效促进要素之间的连接和流通，并打造各类生产要素一体化要素体系。在要素体系内，要素通过协作性和联动性不断发挥要素组合和要素结构的乘数效应和网络效应，进一步释放数据生产力。叶秀敏等将数据要素价值化定义为生产要素复用过程，即将实物生产资料加以数字化，形成具有通用性资产性质的数字化生产资料，通过生产资料所有权和使用权分离，将数字化生产资料使用权共享给其他市场主体；陈国青等（2020）、戚聿东等（2020）和尹西明等以价值协同为出发点，指出数字技术汇聚而成的数据要素资源及其颠覆性力量加速了社会、经济、政治等多领域的系统性变革。总之，对于数据要素价值化问题解决方案的探究是亟待解决的难点。穆荣平、陈劲、王一鸣等（2020），从数据要素价值化对新发展格局的影响视角出发，指出数据要素是加快企业转型、加速技术经济与发展范式跃迁、全面提升国民经济循环效率的新动力，新冠疫情暴发更加凸显了释放数据要素，以及加速企业、产业和政府治理数字化转型的紧迫性与重要性。

（二）数据要素价值化实现路径

关于数据要素价值化实现路径，何玉长等从数据产品生产视角将数据价值化的实现列为数据挖掘和整理、数据结构化、规范化、数据联通、集成、形成数据库与数据服务软件等过程。考虑到数据所具有的虚拟替代性和多元共享性等特征，何伟认为通过与企业业务流程融合，参与产品全周期生产过程，数据要素可以推动企业发展模式创新，具体可以细化为思维模式创新、组织模式创新、研发模式创新和生产模式创新；李海敏将研究视角细化到政务数据层面，认为市场化运营或价值化实现可分为信息化建设项目、企业参与公开数据开发，以及契约式、孵化式开发模式等形式。也有学者认为，任何属性的数据，其流动方式主要包括主动共享、自留使用和数据产品交易三类，市场主体对这三种方式的选择取决于供求双方是否存在竞争、风险偏好、数据时效性等因素；尹西明等从数据要素价值化动态机制载体视角出发，提出一种基于数据银行的运行机制，尝试对数据要素价值化过程进行分阶段研究，但未将多元主体参与纳入数据要素市场化配置和价值实现过程，缺乏对这一过程涉及的数据权属瓶颈问题的讨论。

针对数据权属问题，现有学者普遍认为数据要素所特有的公共物品属性以及源于数据集合过程信息熵减所带来的经济价值，使其不同于传统财产权类型。赵瑞琴等从静态视角出发，提出数据所有权在法律逻辑上是绝对的、排他的、永续的，但在实践中分析则是动态分离的，占有权属于产生信息的微观个体，而使用权、收益权和处分权则属于收集、存储和处理信息的主体。由此看来，数据要素在参与市场化过程中的权属关系会根据生态角色转换而变动；张钦昱从数据权利主体视角出发，论述了包括国家数据主权、政府公共数据权、企业数据控制权及用户数据私权在内的数据权利构成；申卫星提出应分别赋予数据生产者和数据处理者以所有权和用益权，形成二元权利结构。

因此，应赋予数据生产者不同级别的数据控制权，赋予数据产品持有者有限制的占有权。根据上述文献梳理可知，现有研究针对数据要素市场化基本流程、特点及影响因素进行了积极探索，但鲜有学者从数据要素全周期流转过程和创新生态系统的视角，研究多元主体如何在数据要素市场化配置过程中，围绕数据权属授权、让渡和流转以及基于数据使用权收益分配发挥主体角色与功能。

二、数据要素价值化生态系统构成与运行机制

现有研究表明，数据权属、参与主体及其角色定位是进一步推进数据要素市场化配置和数据要素价值化的重要保障和功能前提。而数据要素价值化高效率、高价值和低成本的实现以及赋能产业数字化是一个复杂的系统性和动态性过程，需要应用整体性和系统整合性思维，应用创新生态系统视角（于施洋等，2020；魏江等，2021），系统构建数据要素价值化过程多元主体激励相容、高校协同和市场化共生共创的生态。对此，本章构建了“数据权属—参与主体—角色功能”视角下数据要素价值化生态系统，旨在为实现激励相容和高效融通共创建的数据要素市场化配置提供理论框架与实践方法，如图 6–1 所示。

（一）数据要素价值化生态系统核心主体

1. 数据源出方

数据源出方的有机构成主体包括个人、企业和政府三种主要类型，通过参与数据生成环节成为数据要素生产循环过程中的起始经济主体。个人参与生产循环主要是指个人信息数据和消费数据，企业参与生产循环主要是指企业生产数据和用户数据，政府参与生产循环主要是指公共数据和政务数据。数据产生是在数据要素多个经济主体对

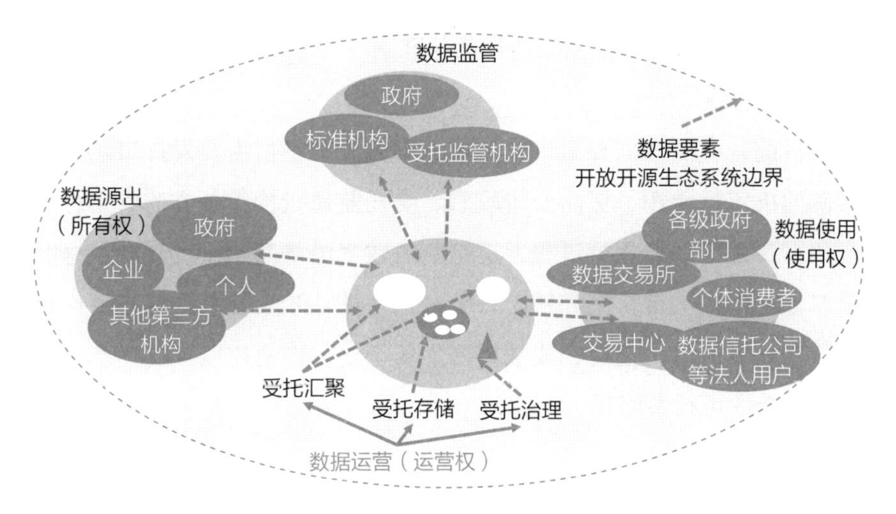

图 6-1　数据要素价值化生态系统架构

信息获取需求和主体数据需求确定的基础上，针对数据目标进行主动式或被动式数据生成与采集，以便投入下一步数据生产环节。

2. 数据运营方

数据运营方主要负责对未经加工的数据进行存储、清洗、转化、分析和挖掘等一系列增值化处理，以提升数据标准、结构和价值。参与数据运营的主体有企业、平台和政府，其中平台是数据运营的主体。平台利用强大的数据加工技术，打造数据运营全周期环节，包括受托汇聚、受托存储和受托治理等多个方面。

3. 数据使用方

数据要素在生产循环过程中通过不断流通和碰撞产生新价值，数据流通阶段是数据要素价值的不断发现与品质不断增值的过程。数据主体所拥有的加工数据有限，那么应如何形成满足各经济主体需求的数据？这就需要数据主体之间进行数据使用与流通，实现数据要素的社会价值。数据使用方是一个复合主体，个体消费者、数据信托公司等法人用户与政府在数据流通中均占据一席之地。上述数据使用者在数据流通过程中，通过交易所或者交易中心享有免费或付费使用数据的权利，也需要遵守数据流通规范与准则。

4. 数据监管方

目前，我国数据要素市场处于探索阶段，不但需要发挥市场配置资源的决定性作用，更需要将政府、受托监督机构等各方监管角色融入数据要素市场化运行过程，这是解决数字经济高质量发展和数据安全二元悖论的关键机制和核心环节，也是进一步实现数据要素资产化和数据高效流通，进而完成数据要素资产化、价值化以及构建产业链和价值链的可行性路径。

（二）数据要素价值化生态系统主体联动过程机制

数据要素价值化生态系统是指数据要素价值化过程中各方主体及其联动作用，核心便是数据要素价值的不断“熵减”的过程，即从低价值密度大数据中，结合数据使用的真实场景，进行高效数据治理、可靠价值增值和可信价值沉淀，形成具有高价值密度的数据产品，并最终释放数据价值的过程。本章构建了“数据权属—参与主体—角色功能”视角下数据要素价值化生态系统主体联动机制，如图 6–2 所示。其中，横轴表示数据要素价值化过程，纵轴表示数据权属流转过程，曲线表示在数据要素参与市场运作过程中权属变更所带来的熵减以及价值实现过程。

数据熵减和价值实现是数据要素生态系统运行的最终目的，数据所有权、运营权和使用权分离和有限权利让渡是维持数据要素价值化生态系统高效稳定运营的基本原则。在数据所有权、数据运营权和数据使用权三权分立和流转视角下，数据运营权从数据所有权派生而来，数据收集、存储与治理通常只涉及数据运营权，数据运营权是实现数据源出到价值变现、完成数据所有权和使用权联通的“桥梁”。所有权是运营权的母权，可通过法定或约定方式或者有偿交易或无偿授权

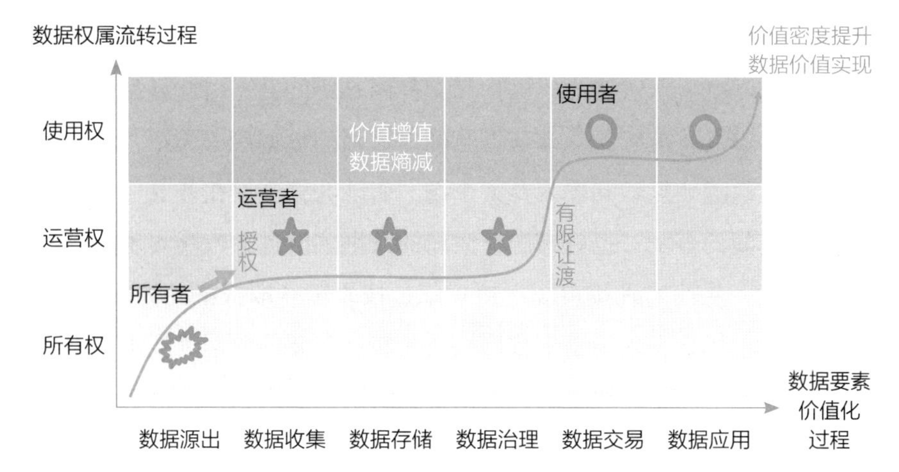

图 6-2 数据要素权属流转与价值实现动态过程机制

方式获得。数据运营权的界定基于数据使用者与数据原发者的法律关系：数据必须源于真正的所有权人；数据的取得必须获得所有权人的明示许可或者存在法定事由；数据完成采集并形成具有财产价值的数据集合。至于数据运营权内容，可理解为权利主体实现价值增值的功能。

数据要素市场化流转过程和权属转化过程与市场主体及生态角色划分相互融合、交叉。数据运营平台兼具数据收集、数据储存和数据治理功能，能够保证相关生态圈和数据处理链条的完整、高效和合规运行。数据应用和数据交易作为赋能经济、社会发展的重要环节，在传统以撮合交易为主的数据交易平台功能之外，还可以开展受托存储、受托分析和受托融通服务，在此过程中赋予平台企业以数据运营权，使其既获得数据支配权利，同时又具有独立的财产权利机能，可以充分促进数据流动和使用。

三、数据要素市场化配置过程和价值实现机制

一般而言，数据要素市场化配置过程由生产资料分配过程和财富分配过程两个核心环节构成。然而，数据要素的非排他性和无限复制

特征，使得产权难以确立，无法使用传统产权概念解决数据要素确权问题，进而衍生出数据产权保护和交易困难等问题。由此可见，实现数据要素市场化配置的首要前提是确立清晰的数据产权关系，只有产权清晰的数据才能顺利进入要素市场，实现数据要素在各成员和各生产部门之间的分配；也只有产权清晰的数据才能进入市场实现交易权和收益权，从而实现按市场评价贡献、按贡献获取报酬的分配机制。数据要素市场化表现为基于数据权属流转和让渡的数据资产价值增值过程，各类市场主体通过提供不同性质的数据处理服务，将数据权利链接起来，形成完整的数据资源运维管理链条，从而实现数据资源的经济价值和社会价值。

为更加直观、清晰地展示数据要素市场化机制流转过程，本章进一步从数据要素全生命周期系统性视角构建数据要素“收—存—治—用—易—管”市场化运行和价值实现机制的基本架构，如图 6–3 所示。数据要素市场化系统架构主要由数据源、数据要素市场主体以及监管侧

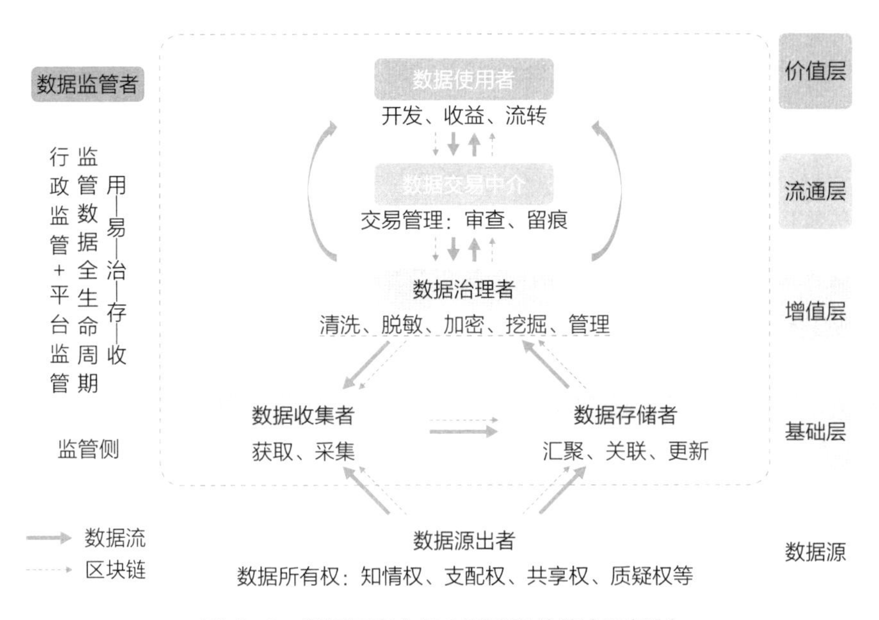

图 6–3　数据要素市场化配置和价值实现机制

组成。其中，数据要素市场主体的市场属性分类和结构性地位包括基础层、增值层、流通层和价值层，整个流转环节在数据要素生命周期中可以细化为数据收集、数据存储、数据治理、数据交易和数据使用等不同阶段。

（一）数据源：数据源出者

数据要素市场数据源来自数据源出者，即产生数据的主体。数据所有者的数据分散在每个产生数据的个体中，难以产生经济价值。因此，需要政府、数据平台企业将数据源出者数据聚集在一起进行数据开发和利用，进而转化为有价值的数据要素资产。

（二）基础层：数据收集者和数据存储者

数据要素市场基础层是数据收集和存储的过程。海量信息的产生不断稀释单一数据价值，同时数据多样性意味着数据所包含的不对称信息越多，零散数据所蕴含的要素价值密度相应变低，导致数据与实体经济融合的难度加大。由于数据极易复制、传播、篡改，要想使数据确权和安全保护问题得以解决，就需要将数据收集和数据使用分开处理。同时，要使数据实现价值可用，就需要以成熟、低成本技术实现数据汇聚，并进行高效、安全的调用，以还原数据应表达的全貌，这也是实现数据市场化运营的基础。由于数据收集者不具备数据所有权，因此需要收集方在经过授权的情况下作为实际数据控制者，按照合法、正当、必要原则对数据进行处理。在实际经济活动中，对数据收集方使用数据进行有效监管十分困难，收集方可将数据存储在政府指定的第三方机构，政府通过技术手段并辅之以行政手段对存储方数据进行监管。

数字经济时代，基于数据驱动的科技发展对数据的需求日益迫切，对数据汇聚、存储提出了绿色、安全、高效等多重要求。只有数据汇聚成本低于潜藏价值，数据要素收集存储成为新常态，才能为数据要素市场化和数字经济提供源源不断的数据生产要素。数据财产权保护的数据需要记录在存储设备之中，以便长时间保持和再利用，无法长期保存或者没有保存的数据缓存副本不能成为数据权利客体。根据新型信息技术发展特点，各类原始数据收集已经成为数据要素市场的独立生产领域，但对其财产权的界定必须圈定在政府授权范围内。数据存储平台在未经授权情况下，并不具备数据所有权、使用权等权利，只负责数据储存、汇聚、关联和更新，但经协商和授权后可被授予运营权，在授权范围内对数据进行开发、流转，并与数据所有者分享收益，提升数据价值，促进数据吸储，吸引规模数据。

数据要素权属界定需要基于法律制度和人工智能技术，以保障数据要素融通的总体效率和安全性，这也是数据价值生产、数据资产评估、数据融通交易，以及最终实现数据要素价值最大化的前提。如果数据持有者既销售数据又使用数据，将有可能导致出现非理性竞争。已有学者利用古诺模型证明数据共享能够更好地满足市场主体需求，实现消费者剩余的增加和社会总福利提升，但从理性经济人假设出发，共享数据由政府主导比较符合实际。

因此，在数据收集、数据存储等基础服务层面，需要在政府的严格监管下进行。例如，将政务数据收录、存放交由具备国资背景的企业处理，且明确规定这类市场主体未经政府授权不具有使用数据的权利。赋予参与数据收集、存储的市场主体和生态角色以数据运营权，在政府监管下进行数据汇聚、存储，推动全国一体化大数据中心协同创新体系建设，有效实现绿色集约、数据安全可靠的大数据产业链。统筹规划数据存储有利于数据资源集中，实现绿色集约和数据共享开放，降低能耗，节约收集方数据存储成本，并加快协同创新。同时，还能够有效避免数据所有者侵权行为的发生，以保障数据安全。

（三）增值层：数据治理者

数据治理是实现数据要素市场增值的核心环节。数据治理所涉及的生态角色一般为数据平台管理者，通过对存储数据进行数据清洗、脱敏、加密、挖掘、管理等处理，使数据质量和数据价值得到提升和增值，原始数据成为高价值数据，进而供使用者开发和应用，也可以通过数据交易平台，将数据使用权以市场化定价模式让渡给数据使用者。要实现数据高效治理，应以云计算、人工智能、大数据等技术为支撑，通过对数据实行全生命周期治理，完成内部增值和外部增效的双重价值变现。在数据治理过程中涉及数据权利流转，因此对数据要素的规范化治理是保障数据所有者主体隐私安全、权属收益以及规范数据使用者权利边界和侵权责任的重要环节，有助于促进数据要素的合法获取和开发共享，形成数据权益保护和数据产业促进平衡性制度。因此，应赋予数据治理者运营权，在数据治理全过程中接受政府监管，以保证数据可溯源。

（四）流通层：数据交易中介和数据使用者

数据要素流通层主要包括数据交易和数据使用两部分。其中，数据交易主要基于数据交易平台开展，数据需求方可从数据交易平台获取数据使用权、数据二次流转权及使用权。平台通过数据存储、数据确权、数据治理以及数据融通等一系列流程，促使数据要素落地于产业一线，实现数据全场景应用，赋能产业发展。数据交易是数据市场化过程的核心，也是数据资产化和价值化的重要表现，涉及使用权、收益权、处置权等数据权利的让渡。为保证数据交易的高效融通和高效化市场化配置，应以政府为主导，以市场化运作主体和平台为核心，建立数据要素资产交易中心，不断完善数据要素资产定价机制和交易规则。

数据使用是指在实现数据安全、合规治理的前提下，为多种用户角色提供数据加工、开发和应用，实现数据融通和商业化运营，促进数据在合法范围内流通，激发数据价值，满足各方数据需求。在数据使用和价值变现过程中，数据供应商的角色主要体现在数据权属确认、数据质量评估、数据定价、商品发布、交易结算等环节。数据需求者主要体现为数据商品或服务购买。数据服务提供者侧重于数据服务参与众包需求和服务开发。具体而言，数据使用者在申报合法用途并得到数据收集方和所有者授权后，获得数据使用权，由数据需求方有偿或者无偿使用数据。数据使用方可以从数据治理平台获取数据资源或算力资源，进行数据开发以满足自身需求，或以生态服务商的角色为其他不具备开发能力的使用者提供数据产品服务。

（五）数据要素市场化配置过程中的监管机制

数据要素作为新动力、新引擎对于经济发展起决定性作用，基于数据确权的数据要素市场化和价值化机制对于激活数据潜在价值具有重要意义。然而，当前我国数据要素市场仍处于起步阶段，数据要素市场化配置除发挥市场决定性作用外，还需要政府监管融入数据要素市场化配置过程，这是解决数字经济高质量发展和国家数据安全二元悖论的关键机制，也是进一步实现数据要素资产化和数据有效流通，进而形成数据要素资产产业链和价值链的可行性路径。当前，我国政府数据要素市场化监督和治理仍面临诸多困境。首先，政府对数据要素的保护意识和技术识别能力不足，难以判断市场化进程中的违规、违法等侵权行为；其次，数据市场化过程法律保障机制滞后，主要表现为数据产权法律缺失、数据开放和交易法律缺失、监管法律缺失等；最后，数据要素市场化治理组织职能分散、混乱，系统性和专业性有待提升。

因此，在完善上述“收—存—治—易—用—管”数据要素配置和价值化机制的基础上，如何突破数据市场在治理实践中所面临的法律、组织等诸多困境是亟待解决的关键难题。从数据监管与治理视角看，首先可将政府监管职能渗透到数据要素市场化机制流程转换和生态角色设置中，实现从单一化管理型政府到多元化治理服务型政府的转型。可采用先进、安全的数据管理系统对平台交易数据进行保护，维护数据交易双方的合法权益。同时，通过法律路径建立并完善数据交易法规，让市场各主体依法、合规交易。只依靠政府部门监管，很难实现对数据要素市场化全流程的有效监管。另外，还可以设立专门从事数据监管的第三方专业机构规范数据服务市场。结合本章对数据要素权属、主体和功能的综合分析，可实行政府部门整体监管、第三方数据交易平台监控、数据处理平台企业内部监管的三重监管模式保障数据市场的有序运行。

四、本章小结

数据要素作为数字经济的微观基础和创新引擎，促进数据要素市场化流通和价值化实现是大势所趋，对新发展阶段畅通国内大循环、推动双循环新发展格局的形成和加快经济高质量发展具有重大意义。本章针对数据要素价值化面临的理论与现实挑战，基于“数据权属—参与主体—角色功能”视角，引入创新生态系统理论，系统探究多元主体参与数据要素价值化过程的生态系统构成，深入剖析数据要素市场化配置微观过程机制，并进一步讨论数据要素价值化生态建设和市场化配置过程中的监管机制和治理体系建设。未来应加强顶层设计，培育多层次、跨区域、多主体高效共创的数据要素价值化生态系统，不断完善市场化机制和数据治理体系建设，构建具有中国特色、世界领先的数据要素价值化生态系统，探索形成数据要素市场化配置机制与价值实现的中国方案。

本章主要参考文献

[1] 马建堂．建设高标准市场体系与构建新发展格局 [J]. 管理世界，2021，37（5）：1–10.

[2] 赵滨元．数字经济核心产业对区域创新能力的影响机制研究——数字赋能产业的中介效应 [J/OL]. 科技进步与对策，2021（网络首发）：1–7［2021–12–14］. https://kns.cnki.net/kcms/detail/detail.aspx?dbcode=CAPJ&dbname=CAPJLAST&filename=KJJB20211210000&uniplatform=NZKPT&v=OXSjCvrZGd–whyKQDcdjCHVFoOtQ23SD1PIOvpdtXT2odCFZbB_qEj0_FSubr0ol.

[3] 梅春，林敏华，程飞．本地锦标赛激励与企业创新产出 [J/OL]. 南开管理评论，2021（网络首发）：1–31［2021–4–30］. https://kns.cnki.net/kcms/detail/detail.aspx?dbcode=CAPJ&dbname=CAPJLAST&filename=LKGP20210427004&v=0gy%25mmd2F6gslfyR3sVR1xIxZpI4D%25mmd2Fn7c%25mmd2Faerl4ap3lxV7hbopw4HKHmG51jL0ShnyihB.

[4] 魏江，刘嘉玲，刘洋．数字经济学：内涵、理论基础与重要研究议题 [J]. 科技进步与对策，2021，38（21）：1–7.

[5] 尹西明，林镇阳，陈劲，等．数据要素价值化动态过程机制研究 [J]. 科学学研究，2022，40（2）：220–229.

[6] 李直，吴越．数据要素市场培育与数字经济发展——基于政治经济学的视角 [J]. 学术研究，2021，64（7）：114–120.

[7] 李海舰，赵丽．数据成为生产要素：特征、机制与价值形态演进 [J]. 上海经济研究，2021，40（8）：48–59.

[8] 林志杰，孟政炫．数据生产要素的结合机制——互补性资产视角 [J]. 北京交通大学学报（社会科学版），2021，20（2）：28–38.

[9] 谢康，夏正豪，肖静华．大数据成为现实生产要素的企业实现机制：产品创新视角 [J]. 中国工业经济，2020，38（5）：42–60.

[10] 黄鹏，陈靓．数字经济全球化下的世界经济运行机制与规则构建：基于要素流动理论的视角 [J]. 世界经济研究，2021，40（3）：3–13，134.

[11] 叶秀敏，姜奇平．论生产要素供给新方式——数据资产有偿共享机理研究 [J]. 财经问题研究，2021，33（12）：29–38.

[12] 尹西明，陈劲，海本禄．新竞争环境下企业如何加快颠覆性技术突破——基于整合式创新的理论视角 [J]. 天津社会科学，2019，39（5）：112–118.

[13] 穆荣平．国家创新体系与能力建设的有关思考 [J]. 中国科技产业，2019，33（7）：20–21.

[14] 陈劲，尹西明．范式跃迁视角下第四代管理学的兴起、特征与使命 [J]. 管理学报，2019，16（1）：1–8.

[15] 陈劲，李佳雪．数字科技下的创新范式 [J]. 信息与管理研究，2020，5（Z1）：1–9.

[16] 何玉长，王伟．数据要素市场化的理论阐释 [J]. 当代经济研究，2021，32（4）：33–44.

[17] 何伟．激发数据要素价值的机制、问题和对策 [J]. 信息通信技术与政策，2020，46（6）：4–7.

[18] 李海敏．我国政府数据的法律属性与开放之道 [J]. 行政法学

研究，2020，8（6）：144-160.

[19] 李平 . 开放政府数据从开放转向开发：问题和建议 [J]. 电子政务，2018，15（1）：85-91.

[20] 赵瑞琴，孙鹏. 确权、交易、资产化：对大数据转为生产要素基础理论问题的再思考[J]. 商业经济与管理，2021，41（1）：16-26.

[21] 张钦昱 . 数据权利的归集：逻辑与进路 [J]. 上海政法学院学报（法治论丛），2021，36（4）：113-130.

[22] 申卫星 . 论数据用益权 [J]. 中国社会科学，2020，41（11）：110-131，207.

[23] DREXL J. Designing competitive markets for industrial data-between propertisation and access[J]. Journal of Intellectual Property, Information Technology and E-Commerce Law, 2017, 8（4）：257-292.

[24] 熊巧琴，汤珂 . 数据要素的界权、交易和定价研究进展 [J]. 经济学动态，2021，61（2）：143-158.

[25] 魏远山 . 我国数据权演进历程回顾与趋势展望 [J]. 图书馆论坛，2021，41（1）：119-131.

[26] 尹西明，林镇阳，陈劲，等 . "数据权属—参与主体—角色功能" 视角下数据要素价值化架构设计与机制研究 [J]. 数字创新评论，2022，1（1）：53-64.

[27] 尹西明，陈劲 . 产业数字化动态能力：源起、内涵与理论框架 [J]. 社会科学辑刊，2022，44（4）：114-123.

[28] 宋炜，张彩红，周勇，等 . 数据要素与研发决策对工业全要素生产率的影响——来自 2010—2019 年中国工业的经验证

据 [J/OL]. 科技进步与对策，2021（网络首发）：1–8［2021–12–13］. https://kns.cnki.net/kcms/detail/detail.aspx?dbcode=CAPJ&dbname=CAPJLAST&filename=KJJB20211209000&uniplatform=NZKPT&v=0XSjCvrZGd8spyn4vBFOF74s29nS_eIVHhahEaEEwCPTZg2evcHgRjMmlLuPASyX.

[29] 孟方琳，汪遵瑛，赵袁军，等 . 数字经济生态系统的运行机理与演化 [J]. 宏观经济管理，2020，36（2）：50–58.

[30] JONES C I, TONETTI C. Nonrivalry and the Economics of Data[J]. American Economic Review, 2020，110（9）：2819–2858.

第七章
数据银行：场景驱动数据要素市场化配置的新模式

随着人类社会从信息技术（Information Technology, IT）时代进入数据技术（data technology, DT）时代，数据已经成为经济社会发展的重要基础性资源和生产要素。数据驱动的创新创业正成为新发展阶段构建新发展格局和实现高质量发展的重要战略议题，也是全球创新管理的热点前沿和大国竞争新的制高点。2019 年，党的十九届四中全会审议通过的《中共中央关于坚持和完善中国特色社会主义制度、推进国家治理体系和治理能力现代化若干重大问题的决定》中明确指出“健全劳动、资本、土地、知识、技术、管理、数据等生产要素由市场评价贡献、按贡献决定报酬的机制”，明确了要用市场化配置来激活数据这一生产要素。习近平总书记也多次强调要“加快推进数字经济、智能制造等战略性新兴产业，形成更多新增长点、增长极”。

穆荣平、陈劲、柳卸林、余江、王一鸣等学者指出，数据要素作为数字时代经济社会发展的基础性生产要素，成为加快企业转型、加速技术经济与发展范式跃迁、全面提升国民经济循环效率的新动力。陈国青、戚聿东和尹西明等学者也指出，数字技术汇聚而成的大数据及其颠覆性力量，正加速社会、经济、政治等多领域的系统性变革，成为新时期推进产业结构优化升级、促进产业链和创新链代际跃升的重要抓手，尤其是数据规模、数据采集存储加工能力和数据基础设施“正在成为大国竞争的制高点”。

2020 年全球范围内新冠疫情的暴发更加凸显了释放数字要素价值，加速企业、产业和政府治理数字化转型的紧迫性与战略重要性。在此背景下，2020 年 3 月 30 日，中共中央、国务院发布《关于构建更加完善的要素市场化配置体制机制的意见》，明确将数据要素列为与土地、劳动力、技术、资本并齐的新的生产要素，数据要素成为国家战略，要求加快培育数据要素市场，推进政府数据开放共享，提升社会数据资源价值和加强数据资源整合和安全保护。

然而，现有针对数字经济和数据要素的研究也指向了数据驱动创新发展的关键核心难题——在新发展阶段，如何有效应对数据要素市场化配置、数据权属界定与存储流动规则、数据价值识别与发现、数据赋能企业创新与社会治理等数据要素价值化过程中的诸多挑战，完善中国数字经济发展的底层基础设施，加快数字经济与实体经济融合，从而最大化释放数据要素对加快推进数字产业化和产业数字化、实现高质量发展的价值？对此，本章基于场景驱动创新理论，针对新发展格局下数据要素价值化过程面临的机遇与挑战，结合数据要素的社会属性和数据驱动创新发展的本质特征，建构了“要素—机制—绩效”这一过程视角下数据要素价值化的动态整合理论模型，系统阐述了通过数据银行实现数据要素多维价值创造的动态过程机制，以及实施这一机制所面临的现实挑战，针对性地提出了通过制度创新和技术创新双轮驱动，打通数据要素融通壁垒，构建中国特色数据要素价值化生态系统的政策建议。本章内容不仅可以为打开数据要素赋能数字经济的“过程黑箱”提供崭新的理论视角，更能为有效破解数字经济发展挑战、加速数据要素价值化，以及实现数字创新引领新发展阶段经济社会高质量发展提供实践启示。

一、相关研究回顾与评述

（一）数据技术及要素的特征

生产要素是经济学理论的基本概念，对生产要素的讨论伴随着人类文明的发展。每一次核心生产要素的转变背后不但是技术—经济范式的变革，更是认知模式和管理范式的跃迁。刘洋等认为，相比于传统土地、劳动力等生产要素的有限性，数据要素具有可共享、可复制、可无限供给等特征，使得数字要素驱动的创新不但加快了产业、组织和治理边界的模糊性，而且具备了自生长性等迭代创新的特征，成为推动经济增长的无限动力。李卫东等人则认为数据要素的“高投入、易复制、强互补性、强外部性”是区别于传统生产要素的关键特征。

数字技术推动大数据的产生，同时数据的规模化也反哺数字技术的指数型发展。一方面，传统生产要素尤其是劳动和资本等依靠投入规模的扩大来拉动经济增长的潜力越来越小，而新的数据要素具有边际产出和规模报酬递增的特征，将成为引领经济增长的关键动力与核心力量。另一方面，数据要素和数字技术的持续发展将赋予传统生产要素以新的内涵，能够优化生产资本结构，以乘法效应提升全要素生产率、持续推动产业创新和包容性增长。

（二）数据要素价值发现与挖掘

数据作为新的生产要素被单独提出参与收入分配，标志着我国数字经济红利即将大规模释放。数据成为一种新型资产已成为普遍共识，数据被誉为数字经济时代的“石油”，数据价值化和资产化标志着数字经济整体迈向新的高度。然而，当前我国数据要素市场体系和数字基础设施还不完善，数据要素的权属制度、数据立法制度和收益制度缺失，数据定价交易市场体系还不健全，数据共享和安全隐私保护体系相对滞后，配套的技术标准与基础设施支撑体系尚处于初期，数字要素赋能实体经济创新发展的机制亟待完善。李卫东等认为数据参与分配仍面临着数据政策环境、数据产权确认、数据共享、数据保护等挑战。于施洋等深入剖析了当前我国深化数据要素市场化配置面临的统筹力度弱、数据立法欠缺、交易市场瓶颈大、创新资源配置效率低、数据市场监管难、数据安全保障差等六个方面的挑战。何伟认为我国数据要素价值激发的过程，面临资源化难度大、资产化程度低、资本化阻碍大等挑战。何培育等认为数据资源价值流通在数据隐私风险、交易标准化体系的构建、价格机制的探索以及专业人才队伍建设等方面有困境。

数据要素价值化问题的解决方案是当前研究的热点和难点。然而，目前对数据要素的研究大多集中在对数据要素的内涵特征、战略意义、面临的挑战和概述性的对策，鲜有对数据要素最大限度价值化的理论机制的系统性深入研究。数据要素作为数字经济最核心的资源，探究如何善用数据要素、最大化发挥数据要素价值，对加快数字经济与实体经济深度融合、激活数据要素价值赋能产业数字化和数字产业化，进而通过数字创新引领经济社会高质量发展至关重要。因此，探究数据要素价值化的核心过程和机制模式，是提高数据要素的资源配置效率，促进公共数据与社会各类海量数据的数据协同、资源整合、高效利用，完成数据要素从要素到生产力的价值实现的重要理论与实践议题。对此，本研究基于数据要素的“5I”社会属性，提出基于数据银行业务新模式的数据要素价值化动态机制，系统性阐释数据要素价值化的过程和路径，打开数据要素赋能产业数字化和数字产业化进而创造多维整合价值的“过程黑箱”。

二、数据银行：数据要素价值化的动态新机制

数据银行是指在对海量数据的全量存储、全面汇聚、规范确权和高效治理的基础上，基于数据要素的社会属性，借鉴银行的模式和理念，对数据进行资源化、资产化和价值化，最终实现数据的交易融通和应用增值，是数据经济时代的数据要素市场化配置下的新业态、新模式。本研究基于数据银行的愿景构想和数据要素价值化的理论与现实挑战，结合数据要素的“5I”社会属性，提出以数据银行为业务模式载体的“要素—机制—绩效”动态整合价值化理论模型（图 7–1）。概言之，数据银行实现数据要素价值化的过程主要是通过对大数据的低成本汇聚、规范化确权、高效率治理、资产化交易和全场景应用五个环节，实现数据的高效汇聚、确权、治理、融通、交易和应用，以加快数据要素资源富集、促进数据资产流通、加速数据红利的多维价值释放和整合性价值创造，最终助力数字经济发展。

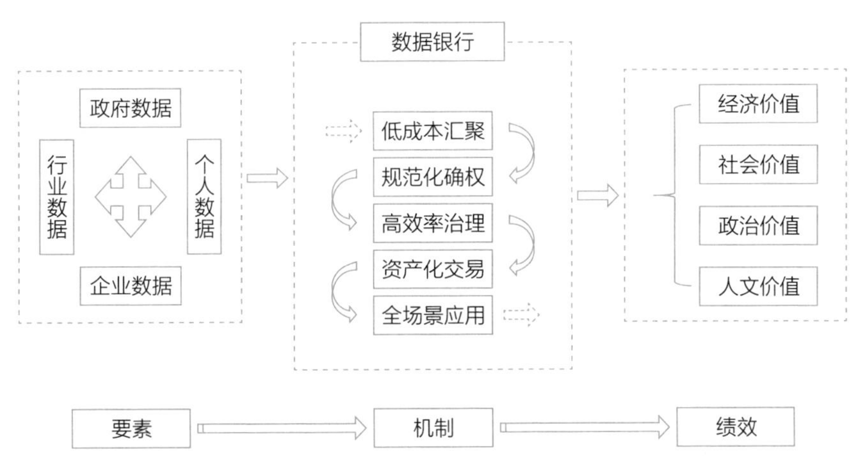

图 7–1 “要素—机制—绩效”数据要素动态整合价值化理论模型

首先要认识到，数据要素价值最大化的前提是对数据要素超越其自身自然属性的社会属性特征要有充分的认知、对其面临的相应挑战

要有准确把握，这也是理解和建构数据银行、最大化释放数据要素价值的理论和现实逻辑基础。

传统数据自然属性的定义包含“4V”，即数量（volume）、速度（velocity）、种类（variety）和价值（value），而大数据时代对于数据要素的自然属性的定义通常以德姆琴科（Demchenko）等学者提出的大数据体系架构框架的5V特征来进行描述，即在原有4V基础上增加了真实性（veracity）特征，即数据可信性、真伪性、来源和信誉、有效性和可审计等特性。但是随着数字化转型以及数字科技加速渗透到社会经济的方方面面，大数据作为人类社会中越来越不可或缺的一部分，在产生、存储、传输、计算和应用的过程中，都被赋予了相互关联但差异化的社会属性，本研究将其总结为大数据的“5I”社会属性，即数据整合（integration）、数据融通（interconnection）、数据洞察（insight）、数据赋能（improvement）以及数据复用（iteration）。

其中，数据整合是对数据的重组、抽取、聚合、清洗标准化，将原本独立的信息片段整合为有序的信息条目。其本质是数据“熵减”的过程，是数据实现从无序到有序、混乱到规则、低价值到高价值的转变过程。因此通常的数据整合会面临多个数据源中字段的语义差异、结构差异、字段关联关系以及数据的冗余重复等问题的挑战。数据融通则是释放大数据的规模效益和边际效应递增效益的重要前提。数据具有使用价值而其本身并无价值，随着数据聚合规模的扩大，数据的潜在使用价值会带来明显的规模效益和边际效用递增效益。但只有打通当前数据融通的壁垒，才能联通各行各业，增强信息的活力，降低信息不对称带来的负面影响，极大地释放信息红利，创造新的社会经济价值。数据洞察是大数据时代对数据“石油”的开采之后的进一步深度“提炼”，是对数据“化学能”的开发和利用。数据整合和数据融通是数据发生的“物理”层面的变化，即数据的汇聚、过滤、重组，但仅以该数据库系统层面的录入、查询、统计等功能操作，无法发现数据中存在的关系和规则，人们无法根据现有数据预测未来的发展趋势，更缺乏挖掘数据背后隐藏知识的手段。因此，更好地挖掘大数据价值，需要对数据进行“化学”反应，即通过利用先进的数据治理及数据挖掘等技术，对数据进行完整且优质的诠释，提取处数据内部的深层价值，提高“数据洞察”的成效，发现潜在的新规律，进而做出相对准确的战略预测及推断。

如果说数据整合、融通是“物理”层面的组合，数据洞察是“化学”层面的解构，那么数据赋能是真正发挥数据“核能”的价值激活和价值创造：一方面，大数据的赋能作用能为传统行业及新兴行业提供内容传播、数据营销、舆情分析、大数据采集研究分析及解决方案等服务，助力产业数字化和国家治理的数字化智慧化转型；另一方面，数据本身作为全新的生产要素，数据资产化、证券化和产业化将催生全新的数字经济新业态，是培育未来产业的重要抓手。数据复用是数尽其用原则的体现。大数据相比于传统的土地、劳动力等生产要素，具有无限复制性和重复使用的特性，其边际成本几乎为零，但由此带来的数据规模效益却是巨大的。除此之外，旧的数据在新的使用场景、新的处理方式以及重复的迭代中，会不断迸发出新的信息成果和价值产物，数据资源的价值开发生生不息。在数字空间内，数据资源的永恒成为现实。

简而言之，数据要素的社会属性是数字文明下科技与社会不断共演的产物，是其自然属性与现代社会发展过程中所赋予和诞生的新特性。数据产业作为数字经济和数字社会发展的基础部分，数据银行的建设和作用发挥的过程，本质上是充分利用数据要素的社会属性，将数字化的知识和信息转化为新的生产要素的过程。它通过信息技术创新和管理创新、商业模式创新融合，不断催生新产业、新业态、新模式，最终形成数字经济产业链和产业集群，进而助力新发展阶段高质量发展目标的实现。

（一）低成本汇聚

数据的收集汇聚是数据要素开发利用的前提。数据的海量性和多样性是导致数据价值密度低的重要因素。海量信息的产生不断稀释单一数据的价值，同时数据的多样性越丰富意味着数据所包含的不对称信息越多，从而会导致零散的数据要素价值密度低、融合难度大。要使数据达到价值可用的程度，我们需要以足够低的成本实现足够的数据积累汇聚，才能分析还原出事物的全貌。

因此，低成本汇聚是数据要素价值增益的基础。大数据时代的到来，伴随着 5G 的超级链接、物联网的万物互联和云计算的超级计算等一系列技术的突飞猛进，使得数据产生的维度、广度和数据量都呈现出“核爆”式增长。同时，大数据科学的快速发展，使得基于数据驱动的科技发展对数据量的需求也愈加迫切，对数据的汇聚存储提出了绿色、经济、安全、高效的基本要求。只有数据的汇聚成本低于其潜藏的价值、数据要素的收集存储成为新常态时，数据科学、数据产业、数字经济才能拥有源源不断的数据生产要素。

（二）规范化确权

数据要素确权是优化数据要素资源配置的基础，是数据银行模式实现数据要素融通增值的前提。科斯定理指出当交易成本为零或极低时，只要初始产权界定清晰，最优资源配置就可以形成，进而促成帕累托最优。数据要素具有虚拟性、数据的传输复制成本几乎可以忽略不计，这使得数据要素的确权不同于传统物权。数据要素权属界定需要基于法律制度和人工智能技术，以保障数据要素融通的总体效率和安全性，是数据价值生产、数据资产评估、数据融通交易以及最终实现数据要素价值最大化的前提与基础。

其中数据权属界定的规范化是数据合法获取、隐私保障的核心。源源不断的合法、完整、全面的数据源是数据银行的基础，也是国家发展大数据产业基础性战略资源的全局性关键因素。同时，数据要素的规范化确权需要保障数据拥有者主体的隐私安全、权属收益和明确数据使用者的权利边界、侵权责任，以更好地促进数据要素的合法获取、开发共享、开发利用，形成“数据权益保护和数据产业激励”双层维度平衡性制度，促进高质量数据的生成和价值实现。

（三）高效率治理

数据治理是一个组织中关于数据使用相关的管理行为体系，是在综合过程、技术和责任等因素影响下的数据管护过程或方法，目的是实现数据资产的合理使用，也是国家治理能力现代化的应有之义。基于数据银行实现的数据高效率治理是以海量数据资源为基础，以云计算、AI、大数据、容器服务等技术为支撑，提供统一便捷的数据获取、存储、管理、治理、分析、可视化等服务，通过对数据的生命周期的管理，提高数据质量，促进数据在“内增值，外增效”两方面的价值变现。数据银行高效率治理的前提是通过低成本存储资源以扩大数据的采集范围，提升数据治理的深度，提高数据利用率；同时，依托产业化链条降低应用产品孵化成本和产品快速应用变现，实现数据价值的最大化，最终实现数据融通统一管理和专业全过程治理。

基于数据银行模式的高效率数据治理包含的特征如表 7–1 所示。

表 7–1　以数据银行为代表的数据要素高效率治理特征

特征	内涵
微服务化，流程标准可配置化	一套治理服务框架 +{N} 应用端、一站式数据服务
全方位数据治理管控	统一治理标准、可视化治理流程

续表

特征	内涵
多维度数据管理	支持多种异构数据源、实时数据资产配置管理
数据价值持续释放	分模块集成、全周期挖掘应用
资产视图全透明化	多元数据地图，实现全局资产视图
数据全面安全	通信密钥加密、权限分级分类管理

（四）资产化交易

数据作为一种新的生产要素，也是宝贵的资产。世界经济论坛曾预测社会的下一个财富高地将是数据资产，其价值甚至超过石油，未来的企业资产负债表中将会增加数据资产相关内容。但并非所有的数据都是资产，只有合法拥有的数据满足可控制、可计量、可变现等条件时它才可能成为数据资产。数据银行融合数据的统一汇聚、存储，再经过中层的数据资产化、数据商品化后进行数据交易和融通，最终，在存储层实现数字孪生，在数据价值层实现数据的共享和红利释放，并基于此模式吸纳更多、更新的有价值数据汇聚，实现业务的闭环。

数据资产化交易是数据银行新业态的积极探索，是数据价值化的重要体现，数据交易是数据要素流动的重要通路，数据在不同主体之间流通从而表现为包括使用权、收益权、所有权等在内的数据权利的让渡，主要交付形式有应用程序接口（application programming interface, API）、数据集、数据报告及数据应用服务等。基于以上分析，本研究提出数据银行的商业模式，即在传统的以撮合交易为主的数据交易平台的功能之外，开展受托存储以及在此之上的受托分析和受托融通服务，见表 7–2。

表 7-2 数据银行商业模式

业务内容	商业模式
受托存储	为政府、企业和个人提供海量数据存储服务，收集数据要素资源
受托治理	为不具备数据分析处理能力的机构组织和个人提供数据分析挖掘治理业务
受托运营	对治理之后的数据进行产业化应用，实现数据运营价值化
受托融通	对受托存储、治理等处理后数据提供融通服务
数据撮合	交易撮合，作为数据交易平台，对接数据供需双方达成交易服务

（五）全场景应用

数据银行是在安全、合规的前提下为多种用户角色提供数据的加工、开发和监管，实现数据融通的全生命周期管理和商业化运营，促进数据在合法范围内流通，激发数据价值，满足各方的数据需求。

数据供应商：数据权属确认、数据质量评估、数据定价、商品的发布、交易的结算；

数据需求者：数据商品或者服务的购买；

数据服务提供者：数据服务参与众包需求及服务的开发。

数据银行通过数据存储、确权、治理以及融通等一系列流程，最终将数据要素落地于各个产业一线，实现数据融通之后的全场景应用，赋能行业产业发展。表 7–3 概括了数据银行实现数据资产化交易之后在医疗、司法、教育、科研、智慧城市等主要场景应用案例情况。

表 7-3　数据银行全场景应用示例

应用场景	数据类型	数据特点	提供方	需求方	应用场景	商业模式
医疗领域	基因数据	数据量大、终身不变、价值高	个人、相关基因测序机构	医药公司、保险公司、医院、农企	基因数据脱敏之后应用于医学疾病研究、药品研发；相关保险产品推荐；人类疾病预测、人体菌群调整、教学模型、新生儿优生、农业育种	受托存储；数据撮合
	影像数据	数据量大	个人、医院	学校、AR 厂商	模拟手术平台、远程手术平台	受托存储；数据撮合
	患者病历数据	数据量大、应用场景多	个人、医院	医药公司、保险公司、智能家居厂商、地图软件厂商、医院和疾控中心	脱敏后用于健康险、药品险和疾病险调整；辅助制药；挖掘家庭智慧医疗切入点，完善智能家居功能；医院接口推荐；治疗流程优化，流行病预警	受托存储；受托分析；受托融通；数据撮合
司法存证	庭审音视频、卷宗档案等	数据量大、需长期存储	检察院、法院、公安	律师事务所、智能司法开发商	个人学习；基于庭审音视频的辅助判案，法条推荐	受托存储；受托分析；受托融通；数据撮合

续表

应用场景	数据类型	数据特点	提供方	需求方	应用场景	商业模式
教育领域	学校录像	数据量大、长期存储	学校	智慧教育开发商	辅助青少年的成长教育；及早发现并及时干预成长中的生理心理问题	受托存储；受托分析
	长期学习档案	长期存储	学校	教育机构、择业机构、个人	描绘学生成长画像；学历经历公证；就业择业引导推荐	受托存储；受托分析
	课件资源、作业资源和仪器资源	长期存储、价值大	教师、学校	网校、公益机构、素材网站	采集课程录频进行公益学习（如TED）或提供在线学习（平复区域教学资源差异）；美术、设计、建筑的数据资源变现；仪器资源共享目录和监管	受托存储
科研领域	天文数据	长期海量数据、数据获取成本高、全量存储、产学研转化可能性高	天文台	天文爱好者、游戏厂商、App开发商	研究星体和发现新星；利用数据进行建模，构建游戏场景；星图软件、辅助拍摄软件、天文导航等App	受托存储；受托分析；受托融通
	卫星遥感数据		卫星公司、航天局	地图公司、旅游公司、保险公司、农业公司、自动驾驶厂商	为地图导航商家提供测绘、街采对比；构建景区全景地图和全息旅游；极端地区的跟踪监管；气象保险公司制定策略；自动驾驶的智网建设和端边布局	受托存储；受托分析；受托融通

续表

应用场景	数据类型	数据特点	提供方	需求方	应用场景	商业模式
智慧城市	车辆通行数据	数据量大、可应用场景多	交通部	货运公司、金融机构、地图公司、加油站等配套设施	对车辆、司机、货运单位的行驶行为、运力、信用进行评估；金融机构用于征信赋能、风控数据支持；供应链平台用于分控赋能；ETC 信用筛选；智慧交通开发，地图导航预测及指引；与车辆相关配套设施的建设运营指导	受托存储；受托分析；受托融通；数据撮合
	城市人流数据	数据量大、实时更新	交通部	居住服务、城市更新、城市管理、公安	根据人流数据以及年龄、职业、特定区域等数据分布情况，实时投放广告；人口流动预测、车流管控和调度辅助；逃犯持续跟踪；商户选址	受托存储；受托分析

三、基于数据银行的多维整合价值创造

数据要素是新时代我国经济高质量发展的重要基础，面向数据要素价值化的数据银行将是推动产业转型升级的新动能、新模式和新业态。数据银行能够有效整合技术流、物质流、资金流和人才流，推进产业模式创新、推动产业转型升级、推动数据要素融合共享和开放应用，释放数据红利，进而实现经济、社会、人文和文化等多维整合价值创造和实现。

数据银行被定位为数字经济发展的关键基础设施，是畅通内循环、实现经济可持续内生增长的强动力。数据银行汇聚数据要素资源，充分发挥算力、算法的优势，开展技术创新、产品创新、模式创新，推进新型业态的发展，同时利用新技术、新应用推动产业数字化，对传统产业进行全方位、全角度、全链条改造，提高全要素生产率，释放数字对产业发展的放大、叠加、倍增作用，最大程度发挥其“乘数效应”，推动产业的转型与实体经济的快速发展，最终构建开放、共享、共赢的数据创新生态体系，以低成本、便利化、全要素、开放式模式，驱动数据创新要素高速流动，促进资源配置优化和全要素生产率提升，聚合并带动一个多层级、多产业的生态体系。

数据银行将为城市发展在政府精细化管理、民生服务水平提升、双创环境构建等多方面提供支持，助力城市治理、社会治理能力和治理体系现代化；数据银行可以助力政府管理实现数字化升级，使政府成为高效、精细的新型政府。数据银行可以为当地构建新型的智慧城市和智慧社会，开展城市大交通、大安全和大健康体系，以及智慧医疗、智慧教育等业务。数据银行可以依靠数据要素“全场景应用”下的智能管控和服务提升当地政府的整体治理能力和民生生活水平。数据银行作为一个汇聚人才、技术和资本的大平台，可以吸引一大批高技术人才汇集，加速投资资本集聚，催生新技术、新发明，激活各类

创新主体，孵化优秀创业项目，促进区域大众创业、万众创新，为城市发展注入新活力、增加新动能，加快城市现代化和打造未来智慧城市。

数据银行可以促进个人数字资产积累和数字永生。随着移动互联网、可穿戴设备等的快速发展，个人数据也呈现出指数级增长。庞大的数据涉及个人基础信息、医疗健康、教育知识、体征感知等，数据也将成为个人资产的重要组成部分。数据要素不断促进人的解放，以“数据—算法—算力”为核心的技术体系使人从繁重的体力劳动中解放出来，生产力得到极大发展，物质变得更为丰富，人的全面和可持续发展变为可能。在数字世界，个人的数据信息可以无限期留存。未来随着医疗技术和人工智能技术的快速发展，通过对个人数据进行虚拟世界的重构，可以使得人类的思维、记忆等能够持续留存，数字永生变成了可能。

四、数据要素价值化机制实施的现实挑战

（一）核心技术尚未成熟，价值效率利用低下

大数据时代的到来，伴随着数据的爆发式增长。海量数据存储的高成本给数字经济可持续发展和数据要素价值化带来了巨大的挑战。大数据的体量之大，为其配备的庞大的数据计算网络和数据存储用电带来巨大的能耗。市场研究机构 IDC 发布的《2019 中国企业绿色计算与可持续发展研究报告》指出我国 85% 的能源效率（power usage effectiveness, PUE）值为 1.5~2.0，运维能耗成本在 40%~60%。处理大量淘汰的电子设备以及大量的能源消耗会造成不同程度的环境污染，不利于数据中心实现海量数据的长期存储，低成本的存储技术的研发迫在眉睫。在海量数据场景下，数据的传输、存储、处理等过程中隐

私泄露事件时有发生，网络病毒、木马等使数据存储安全更难以得到有效保障。

数据银行面向多领域数据，跨域数据融合是平台核心能力，解决数据安全问题及隐私保护举足轻重。打造数据“可用不可见，相逢不相识”的安全体验，实现原始数据不出域的安全保障，是最终实现数据银行全领域数据的安全融通的必要条件。然而，多方安全计算、可信计算、差分隐私、联邦计算和区块链等解决数据授权访问、数据交易隐私保护的主要技术尚未成熟，导致很多数据拥有者因担心个人隐私或企业机密泄露而不敢让所拥有的数据进入流通环节。我们对数据的处理方式较为单一，应用场景不够成熟，未能最大限度地提取出数据中的价值。数据量大、数据维度杂、处理技术能力不足等原因就导致了数据治理的低效性和开发利用的复杂性。

（二）组织机构定位不清，制度法律有待完备

由于数据标准不一等原因，政府各部门、各层级间不敢、不愿、不能开放数据的现象依然存在，数据烟囱、信息孤岛和重复冗余应用成为阻碍数据要素融通、数据红利释放的罪魁祸首。目前各省市大数据管理局主要职责是以信息化建设为主，缺少一定的行政管辖权，除协调、组织建设“一网通办”等政府平台以外，对数据汇集、大数据治理与融通方面缺少具体的监管权力。有些地方还存在经信委、网信办、大数据管理局等多部门共同治理的情况。当遇到数据要素相关纠纷时，无法明确监管主体，纠纷就无法得到有效的处理。同时，数据要素价值化所涉及的多个环节缺乏统一监管，数据拥有者因避险心理而回避参与数据融通。不同数据来源平台的数据格式标准不一，平台各自制定的规则存在隐藏的盲点和误区，缺乏统一的数据标准化制度，数据的所有权与地理分布属于多个机构的资源中，导致系统规模大，

存储复制、采集转换过程复杂，造成数据信息共享不充分、数据接口不一致、数据质量良莠不齐，加剧了数据范围边界模糊，导致“数据碎片”和“数据孤岛”等问题。

目前，国内仅有部分相关条文分散在已有法律中，如《网络安全法》《电子商务法》《数据安全法》《个人信息保护法》等。数据确权、开放共享、开发利用等尚无明确的法律依据。随着数字经济日益蓬勃发展，数据要素的生命周期历程愈加复杂多变。从全球范围来看，数据要素价值化相关的行政立法、行业标准和市场准则研究亟须突破，以使数据作为生产要素和效用要素，更好地快速融通，释放潜力。

五、本章小结

培育发展数据要素市场、加速释放数据要素市场红利是推动数字经济高质量发展、畅通国内大循环、提升国民经济运行效率，进而推动形成新发展格局的必然要求。展望未来，我们需要坚持政府引导和市场机制相结合的原则，政企协同，多元参与，强化数据要素融通制度保障，充分挖掘和培育数据银行等数据要素市场新业态和数字经济发展新模式，通过制度创新和技术创新双轮驱动，打通数据要素融通环节壁垒，打造以数据银行为抓手的数据融通新生态，构建和完善中国特色数据要素价值化生态系统，维护国家数字主权，加快探索中国特色数字经济道路，助力“十四五”乃至更长时期经济社会的高质量发展。在此基础上，我们要抓住全球数字经济发展的战略机遇，积极参与区域和全球数据要素价值化合作与机制创新，打造新型区域性和全球性数据要素价值化生态系统，一方面为提升国民经济运行效率、畅通国内大循环提供数字要素支撑，另一方面为畅通国内国际双循环、促进区域和全球数字经济健康可持续发展贡献中国力量、中国方案和中国智慧。

本章主要参考文献

[1] 刘洋，董久钰，魏江．数字创新管理：理论框架与未来研究 [J]. 管理世界，2020，36（7）：198–217，219.

[2] 陈劲，李佳雪．数字科技下的创新范式 [J]. 信息与管理研究，2020（Z1）：1–9.

[3] 柳卸林，董彩婷，丁雪辰．数字创新时代：中国的机遇与挑战 [J]. 科学学与科学技术管理，2020，41（6）：3–15.

[4] 余江，孟庆时，张越，等．数字创新：创新研究新视角的探索及启示 [J]. 科学学研究，2017，35（7）：1103–1111.

[5] 王一鸣．百年大变局、高质量发展与构建新发展格局 [J]. 管理世界，2020，36（12）：1–13.

[6] 陈劲，尹西明，阳镇．新时代科技创新强国建设的战略思考 [J]. 科学与管理，2020，40（6）：1–5.

[7] 穆荣平．国家创新体系与能力建设的有关思考 [J]. 中国科技产业，2019（7）：20–21.

[8] 陈劲，尹西明．范式跃迁视角下第四代管理学的兴起、特征与使命 [J]. 管理学报，2019，16（1）：1–8.

[9] 陈国青，曾大军，卫强，等．大数据环境下的决策范式转变与使能创新 [J]. 管理世界，2020，36（2）：95–105，211.

[10] 戚聿东，肖旭．数字经济时代的企业管理变革 [J]. 管理世界，2020，36（6）：135–152，250.

[11] 尹西明，陈劲，海本禄．新竞争环境下企业如何加快颠覆性技术突破？——基于整合式创新的理论视角 [J]. 天津社会科学，2019（5）：112–118.

[12] 姜长云，姜惠宸．新冠肺炎疫情防控对国家应急管理体系和能力的检视 [J]. 管理世界，2020，36（8）：8–18，19，31.

[13] 刘业政，孙见山，姜元春，等．大数据的价值发现：4C 模型 [J]. 管理世界，2020，36（2）：129–138.

[14] 吴晓怡，张雅静．中国数字经济发展现状及国际竞争力 [J]. 科研管理，2020，41（5）：250–258.

[15] 富金鑫，李北伟．新工业革命背景下技术经济范式与管理理论体系协同演进研究 [J]. 中国软科学，2018（5）：171–178.

[16] 李卫东．数据要素参与分配需要处理好哪些关键问题 [J]. 国家治理，2020（16）：46–48.

[17] 林晨，陈小亮，陈伟泽，等．人工智能、经济增长与居民消费改善：资本结构优化的视角 [J]. 中国工业经济，2020（2）：61–83.

[18] 陈彦斌，林晨，陈小亮．人工智能、老龄化与经济增长 [J]. 经济研究，2019，54（7）：47–63.

[19] 李廉水，石喜爱，刘军．中国制造业 40 年：智能化进程与展望 [J]. 中国软科学，2019（1）：1–9，30.

[20] 郑磊．通证数字经济实现路径：产业数字化与数据资产化 [J]. 财经问题研究，2020（5）：48–55.

[21] 林拥军．数据湖：新时代数字经济基础设施 [M]. 北京：中共中央党校出版社，2019.

[22] 于施洋，王建冬，郭巧敏．我国构建数据新型要素市场体系面临的挑战与对策 [J]. 电子政务，2020（3）：2–12.

[23] 何伟．激发数据要素价值的机制、问题和对策 [J]. 信息通信技术与政策，2020（6）：4–7.

[24] 何培育，王潇睿 . 我国大数据交易平台的现实困境及对策研究 [J]. 现代情报，2017，37（8）：98–105，153.

[25] 林拥军 . 助力培育数据要素市场（新知新觉）[N/OL]. 人民日报，2020–10–15.

[26] Woods D. James Dixon imagines a data lake that matters [EB/OL]. (2015–01–26)[2023–12–26].

[27] Demchenko Y, Laat C, Membrey P. Defining architecture components of the Big Data Ecosystem[M]. DOI: 10.1109/CTS.2014.6867550.

[28] Fergnani A. Corporate foresight: A new frontier for strategy and management[J]. Academy of Management Perspectives, 2020(In–press).

[29] 陈剑，黄朔，刘运辉 . 从赋能到使能——数字化环境下的企业运营管理 [J]. 管理世界，2020，36（2）：117–128.

[30] 吴俊杰，郑凌方，杜文宇，等 . 从风险预测到风险溯源：大数据赋能城市安全管理的行动设计研究 [J]. 管理世界，2020，36（8）：189–202.

[31] 王融 . 关于大数据交易核心法律问题——数据所有权的探讨 [J]. 大数据，2015，1（2）：49–55.

[32] 徐玖玖 . 数据交易法律规制基本原则的构建：反思与进路 [J]. 图书馆论坛，2020（网络首发）：1–12.

[33] 张宁，袁勤俭 . 数据治理研究述评 [J]. 情报杂志，2017，36（5）：129–134，163.

[34] 苗争鸣，尹西明，陈劲 . 美国国家生物安全治理与中国启示：以美国生物识别体系为例 [J]. 科学学与科学技术管理，

2020，41（4）：3–18.

[35] 黄永勤 . 国外大数据研究热点及发展趋势探析 [J]. 情报杂志，2014，33（6）：99–104，78.

[36] 朱磊 . 数据资产管理及展望 [J]. 银行家，2016（11）：120–121.

[37] 中国信息通信研究院 . 中国数字经济发展白皮书（2020）[R]. (2020–10–15)[2023–12–26].

第八章 数据基础设施赋能碳达峰、碳中和的动态过程机制

以数据为核心要素的数字经济正深刻影响着政务服务创新、生态文明建设、科技创新及产业结构调整，成为加快数字中国建设、构建新发展格局、推动高质量发展的核心议题。2020 年 4 月 9 日，中共中央、国务院发布的《关于构建更加完善的要素市场化配置体制机制的意见》明确将数据要素定为与技术、土地、资本、劳动力并列的第五大生产要素。“十四五”规划也明确提出，要通过数字转型、智能升级、融合创新推进信息基础设施、创新基础设施等新型基础设施建设。

2020 年，我国正式做出碳达峰、碳中和的“双碳”目标承诺，中共中央、国务院通过印发《关于完整准确全面贯彻新发展理念做好碳达峰、碳中和工作的意见》《2030 年前碳达峰行动方案》等文件，形成碳达峰、碳中和行动方案的顶层设计。“十四五”时期是实现碳达峰及转向碳中和的关键期及窗口期，然而，实现碳达峰、碳中和时间紧、任务重，面临一系列重大挑战：首先，部分地方政府和企业对“双碳”认识不足，只会开展“运动式”减碳；其次，地方政府和重点企业对自身碳排放情况和生态系统碳汇能力缺乏清晰认识，缺少系统性、全局性、长远性的“双碳”行动方案；最后，祝合良等、李春发等学者

研究指出，我国绿色低碳转型亟须摆脱路径依赖，需要通过数字化手段实现转型升级和跨越发展。实现“双碳”目标离不开数智化、低碳化的数据基础设施支持，但也面临诸如“如何有效协同解决降碳和保障高质量发展的能源需求矛盾”“如何有效推进‘双碳’顶层设计，推行系统性、全局性、长远性的碳达峰、碳中和行动方案”等问题。

鉴于此，本研究试图打开数据要素赋能产业数字化、智能化、低碳化、绿色化发展的“过程黑箱”，为有效破解数字经济发展挑战、加速数据基础设施助力碳达峰、碳中和、整合推进实现数字中国与“双碳”目标提供参考。

一、相关研究回顾与评述

（一）数据要素及数字技术的特征与价值

随着数据要素和人类生产生活越来越密切相关，建设数字中国成为国家高度重视的发展战略，数据在产生、存储、运算和传输、赋能产业的过程中呈现出相互关联但差异化的社会价值。

数字技术是用计算机可识别的语言进行运算、存储、传输和还原等处理信息的科学技术，可显著促进社会信息化、智能化水平提升，推动资源有效配置。数字技术具有可编辑、可追溯、可扩展、可记忆、可感知、可联想与可供应等显著特征，通过数字组件、数字平台和数字基础设施等工具技术平台嵌入现有技术、产品和服务，对数据要素进行重新连接、组合、扩展和分配，重构产品和服务的边界，以助推相关产业和机构产生新能力、催生新机会和构建新模式。

综合来看，数据要素的自然属性和社会属性特征以及数字技术对产业和创新体系的重构能力，可推动数据要素的有边际产出和规模报酬递增，推进数字技术赋能工业、能源等高排放行业的低碳化、智能化、数字化转型。以产业数字化和数字产业化为特征的数字经济已成为我国中长期低碳路径转型的关键选择和崭新动能。

（二）数据基础设施的内涵与意义

根据现有文献和政策体系，本研究梳理了数据基础设施和新型基础设施、关键信息基础设施、数字基础设施之间的区别及联系，结果如图 8-1 所示。

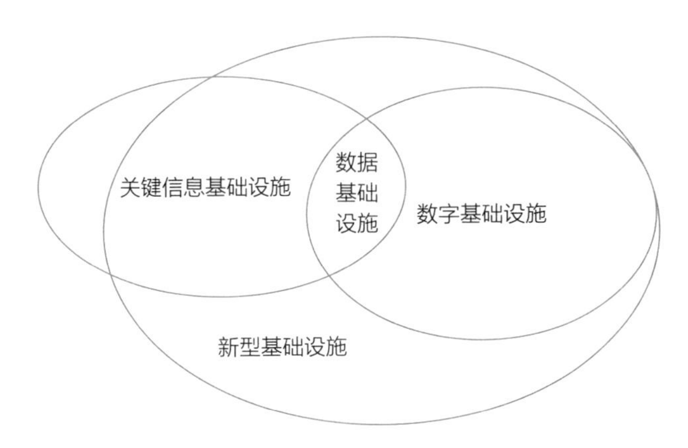

图 8-1　数据基础设施与其他基础设施的关系

数据基础设施和其他三类基础设施均属于基础设施范畴，具有公共性、基础性及强外部性三大本质属性，以及网络性、系统性、长周期性、规模经济性和普惠性五大典型特征。然而，各类基础设施的内涵有显著差异。新型基础设施包括三类：一是包含新技术和算力在内的信息基础设施；二是支撑传统基础设施转型升级的融合基础设施；三是支撑科技研发、产品研制的基础设施。关键信息基础设施指涉及公共通信和能源、金融、交通、国防等关键部门和关键领域，关系国计民生、国家安全、公共利益的重要网络设施和信息系统。数字基础设施主要包括数据湖、5G、工业互联网、区块链服务、人工智能等服务于数字经济发展的基础设施，是新一代信息技术泛在化应用的平台性支撑。数据基础设施则是数字经济时代的底层基础设施，也是数字基础设施中的关键基础设施，包含数据存储中心、数据交易中心和数据银行等，发挥着将电力能源转换为算力资源和加速数据要素价值释放的关键支撑作用。主要体现在：一是数据基础设施对电网有着需求侧调节作用，具备电力实时响应、可转移及调节能力，促进电力资源优化合理分配从而降低能源消费和用电负荷。《全国一体化大数据中心协同创新体系算力枢纽实施方案》提出，要通过全国一体化算力网络国家枢纽节点建设，引导数据中心规模化、集约化、绿色化发展；通过“东数西算”工程，实现东西部算力需求与供给统筹调度，推动算力、网络、数据、能源等协同联动，推动数据基础设施建设助力实现碳达峰、碳中和。二是电网电力是驱动数据基础设施运转的动力，数据基础设施电力需求高、耗能规模大，数据基础设施自身面临低碳减排的巨大挑战。据《中国数字基建的脱碳之路》报告，2020 年中国数据中心和 5G 设施耗电量为 2011 亿度，占全社会用电量的 2.7%；CO_2 排放量达 1.2 亿吨，占我国（不含港澳台）CO_2 排放量的 1.0%。随着数字经济持续发展，数据基础设施的耗电量和 CO_2 排放量将会持续提升。

在此背景下，从理论层面探究新型数据基础设施如何协同推进数字中国战略和碳达峰、碳中和的国家战略，释放数据要素价值赋能“双碳”目标的动态过程机制，具有重要的学术意义。

二、碳中和数据银行：数据基础设施助力“双碳”动态新机制

尹西明等学者指出，在对海量数据的全面汇聚、全量存储和高效

治理的基础上，基于数据要素的社会属性，在安全监管和合理授权前提下对数据进行资源化、资产化和价值化，最终实现数据的交易融通和应用增值是数据经济时代推进数据要素市场化配置的全新理论模式。基于这一理论模式，本研究结合数据要素的“5I”社会属性和数据基础设施的功能属性，提出“数据—机制—使能”视角下的数据基础设施助力碳达峰、碳中和目标实现的动态整合理论框架（图 8–2）。基于与碳中和相关的政府数据、行业数据、企业数据、个人数据、统计数据、遥感数据、历史数据和预测数据，依托碳中和数据银行开展数据要素层的碳中和数据全量存储、全面汇聚和高效治理，推进摸清碳源碳汇（以下简称“源汇”）家底、未来模拟预测、行业减排路径和农林增汇路径，并通过重大应用场景加快数据驱动的低碳减排、绿色金融和碳市场交易场景应用，实现碳中和数据使能区域创新系统重构、政府治理能力现代化和产业低碳转型升级，达到数据基础设施促进碳达峰、碳中和战略目标实现的效果。

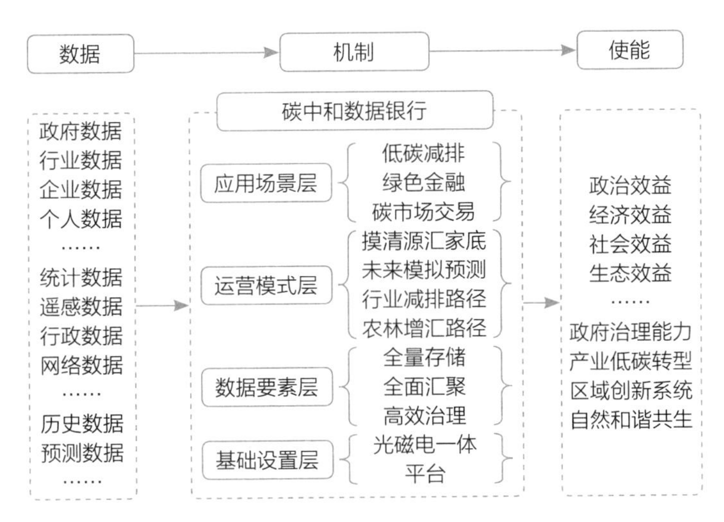

图 8–2　数据基础设施助力“双碳”目标实现的动态整合框架

保障数据安全和促进数字经济高质量发展是数据要素赋能高质量

发展面临的二元悖论。数据要素市场化需要解决的关键问题是，在妥善保障数据安全的前提下有效推动数字经济高质量发展。基于统筹数据安全和数字经济高质量发展这一整合思维，通过创新设计碳中和数据银行系统架构（图 8-3），在基础设置层实现硬件和平台的有机融合，并以多元数据中台实现数据的高效汇聚治理，进而实现隐私计算、支撑服务和业务保障发展等多维数据安全运营，从而在统筹安全和发展的前提下更高效地支撑行业低碳减排、绿色金融、碳市场交易等重大应用场景需求，助力碳达峰、碳中和。

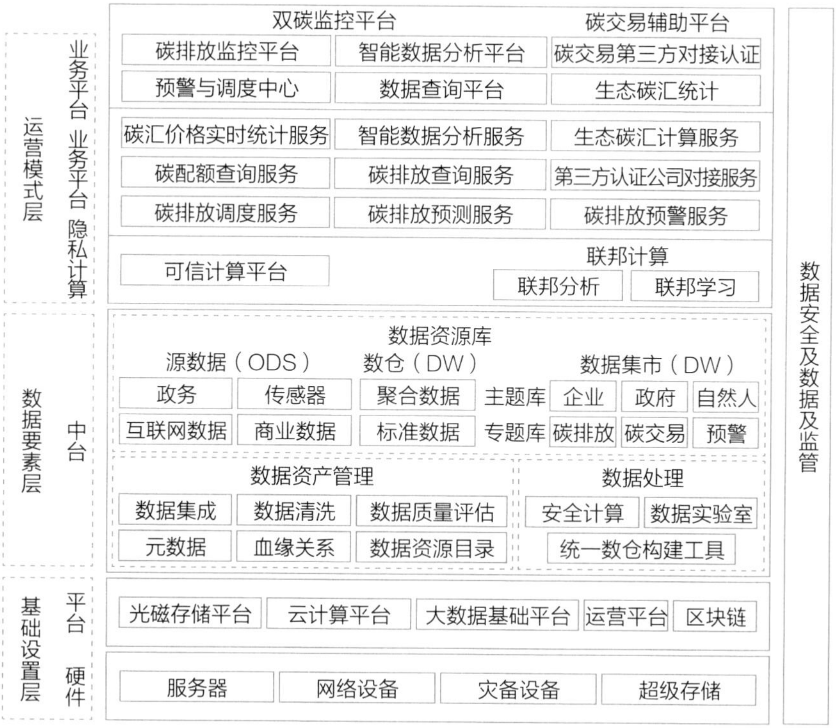

图 8-3 碳中和数据银行系统架构

（一）基础设置层

数据基础设施的耗能主要包括两个部分：一是信息技术设备算力运行产生的能耗；二是配电、制冷等支持设备产生的能耗。本研究采用数据基础设施总能耗与信息技术设备能耗的比值表征数据基础设施的能源效率（PUE），PUE 越接近 1 表明信息技术设备算力能耗在数据基础设施总能耗中所占比例越高，也代表数据基础设施的绿色节能效率越高。针对数据基础设施能耗高的问题，碳中和数据银行采用了基于新一代节能高效蓝光的光磁电一体化智能存储应用系统，在智能分级存储使用光磁配比为 8∶2 的条件下系统能够达到日常数据存储的性能要求，与全热磁存储的解决方案相比能够大幅减少数据存储的总耗电量、降低数据基础设施的 PUE，同时实现节约水资源、能源和减少 CO_2 排放的绿色节能效果。光磁电一体化智能存储应用系统的主要特征和效果见表 8–1。

表 8–1　光磁电一体化智能存储应用系统的主要特征

维度	主要特征
应用场景	海量数据存储、助力大数据分析；“冷热”数据分离、数据自动分级管理；低能耗、低能源效率，构建绿色数据中心；数据锁定防篡改、提升数据安全级别
产品优势	绿色环保、简单易用、性能优越、分级存储、可靠性高
节约能源	1 000 PB 有效存储总量，比全热磁存储耗电量年节省 1 640 万度，节能率为 75.79%
节约水资源	1 000 PB 有效存储总量，比全热磁存储节水 2.47 万吨，节水率为 80%
碳减排	1 000 PB 有效存储总量，比全热磁存储节省标准煤 2 015 吨，减少碳排放量 9 905 吨

注：数据来源于泰尔实验室。

（二）数据要素层

“双碳”数据要素涉及能源供应、能源终端利用（工业、交通、建筑等）部门以及电力、石化、化工、钢铁等八大重点高排放碳源行业，也涉及农林业及土地利用等部门的碳汇领域。“双碳”数据按要素类型可分为碳源数据和碳汇数据；按门类可分为政府数据、产业数据、企业数据和个人数据；按数据来源部门可分为农业数据、气象数据、林业数据、工业数据、土地数据、交通数据等；按格式类型可分为遥感数据、统计数据；按空间维度可分为不同层级的行政数据和不同空间分辨率的网格数据；按时间维度可分为历史数据和预测数据。单一的数据无法客观反映碳达峰、碳中和的实际状况，难以准确显示出碳达峰、碳中和的整体进程，且这些数据往往类型多、体量大、空间分辨率高、时间跨度长，因此需要在碳中和数据银行系统进行数据要素的全量存储、全面汇聚和高效治理。通过政府和企业的共同建设，“双碳”相关数据能够在政务外网、企业内网、互联网等不同类型网络中安全、有效、畅通流动，实现政府对“双碳”进展有效监控、碳交易有序运行等。碳中和数据银行的数据流向过程机制如图 8–4 所示。

1. 全量存储

数据基础设施的全量存储是“双碳”数据价值实现的前提。由于碳达峰、碳中和数据具有海量性、多样性特点，单一部门、行业、领域或单一类型的相关数据要素价值密度低、信息不对称性强，系统映射了碳达峰、碳中和全貌的难度高、工作量大。在碳中和数据银行系统上进行全量存储，能够汇总整合相关数据，更客观全面、科学可信地反映碳达峰、碳中和的进展。

2. 全面汇聚

随着“双碳”目标的深入推进，加之人类社会从信息时代向数字

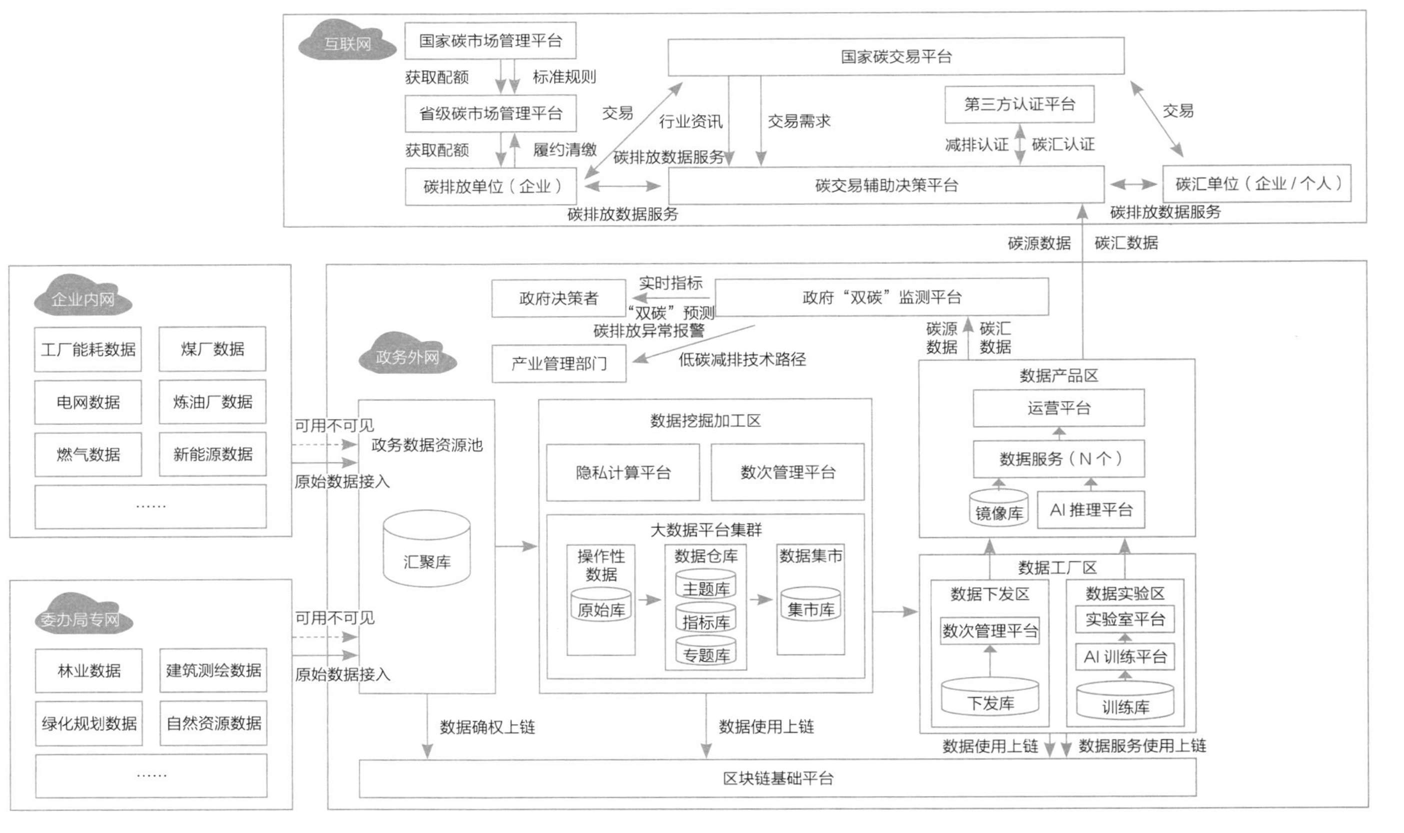

图 8-4　碳中和数据银行数据流向过程机制

时代迈进，全社会全行业需要推动绿色化、低碳化和数字化转型，AI、5G、物联网、工业互联网等数字技术的突飞猛进，数据产生和采集的精度、维度、广度和体量突飞猛进，从而对数据汇聚提出了绿色经济、安全高效的基本要求；同时，为实现数据全面汇聚的规模化和高效化，数据汇聚也面临降低成本的压力。只有“双碳”相关数据的汇聚成本低于其潜藏的价值，数据要素的收集存储成为新常态，才能为数据科学、数据产业、数字经济提供源源不断的数据生产要素，真正推动“双碳”战略落地实施。

3. 高效治理

数据治理是组织中与数据使用相关的管理行为，是在综合过程、技术和责任等因素下的数据管护过程。基于碳中和数据银行实现的数据高效治理是以全量“双碳”数据的全面汇聚为基础，以区块链、大数据、隐私计算等技术为支撑，能够为实现“双碳”目标提供统一、便捷的数据存储、治理、可视化、分析、预测等服务，同时对数据进行生命周期管理，提高数据价值密度、促进数据对内增值和对外增效。

（三）运行模式层

1. 摸清源汇家底

碳排放核查是确保碳排放数据的精确性和全面性的内在要求，碳中和数据银行为摸清碳源汇家底提供充分的数据支撑和技术支撑。企业自有设施的直接碳排放、外购电力热力等的间接碳排放以及企业的经营情况都与其碳排放密切相关，依据投入产出原理，根据企业经营数据和企业技术管理水平对企业碳排放量进行估算，同时结合气象数据、遥感数据等宏观数据对区域碳排放进行复核计算。计算公式见式（1）。

$$GHG_{总} = \sum E \times \mathrm{HG} \times \theta \tag{1}$$

式（1）中：$GHG_{总}$指的是区域CO_2排放总量；E代表某一领域或行业的燃料消耗量；HG代表该类燃料对应的排放因子；θ代表对应该类燃料的氧化率。

目前，我国共发布了四种碳汇项目方法学，分别是竹子造林、碳汇造林、森林经营、竹林经营。碳汇数据计算公式见式（2）。

$$C_{总}=\sum(C_1-C_2-C_3) \tag{2}$$

式（2）中：$C_{总}$代表区域内所有碳汇项目通过相应碳汇经营方法学产生的碳汇总量；C_1代表某一项目碳汇量；C_2和C_3分别代表项目的基线碳汇量和泄漏量。

2. 未来模拟预测

碳中和数据银行依托政府数据、行业数据、企业数据以及部分个人数据的全量存储、全面汇聚、脱敏加密和高效治理后，形成在时间域内长尺度的碳排放数据资源池，基于碳排放方法学建立行业企业的碳排放监测模型，通过不断进行模型修正和数据验证实现对企业碳排放情况的有效动态预测，支撑企业清洁能源减碳和生产侧碳排放动态测算。未来碳排放量模拟还可以作为政府监管部门掌控区域碳排放变化趋势的一项技术，为碳排放分析测算以及碳排放交易等业务提供支撑。未来碳排放量模拟预测基于历史碳排放量，根据未来经济、人口、城镇化率、技术、能源密度及结构、产业结构等因素进行调整。具体计算公式见式（3）。

$$GHG_{预测}=GHG_{历史}\times\{\mathrm{GDP}, P, T, D, U, I, S\} \tag{3}$$

式（3）中：$GHG_{预测}$代表未来年份的CO_2排放量；$GHG_{历史}$代表历史年份的CO_2排放量，也是模拟预测未来CO_2排放量的基准参考值；

GDP代表地区生产总值；*P*代表人口；*T*代表科技进步系数；*D*代表能源强度；*U*代表城市化率；*I*代表产业结构；*S*代表能源结构。

未来区域碳汇量的计算公式见式（4）。

$$C_{预测}=\sum\left(C_{模拟}-C_2-C_3\right) \tag{4}$$

式（4）中：$C_{预测}$代表区域内所有碳汇经营方法学对应项目预测产生的碳汇总量；$C_{模拟}$代表某一具体项目模拟碳汇量。

3. 行业减排路径

王灿、李晋等的研究结果表明，行业碳减排需要瞄准场景特征，综合碳减排成本、技术可行性、资源可用性等因素，依托大数据、云计算、传感器等数字技术和数据支撑，加速推动重点行业能效提升、替代燃料、碳捕捉技术、企业数字化转型，提升能源生产侧的高效采集和广泛互联能力，实现能源生产、运营、管理、计量过程的精细化、在线化、智能化，优化能源配置方式，重组能源利用模式，提升决策效率和能源整体利用率，最终实现节能减排、降本增效。综合现有碳减排技术创新和行业探索，可以在碳中和数据银行海量数据汇聚基础上，按照上述碳排放核算和预测的方法，有针对性地制定具体行业的减排路径和实施数智化节约资源能源措施（表8–2）。

表8–2　部分高碳行业数字化减排路径

行业	减排路径
建材	推广以屋顶光伏为核心的新型能源系统，结合物联网、大数据技术实现智能调控
钢铁	优化用能及流程结构，构建钢铁循环经济产业链，应用突破性低碳冶炼技术
电力	利用人工智能、大数据技术，实现分布式电网、能源互联网、智慧电网功能，实现电力智能调峰

4. 减排增汇措施

我国森林资源丰富、林业碳汇潜力大，吸收 CO_2 的作用显著，基于碳中和数据银行的数据支撑和大数据、云计算等数字化技术对林业碳汇进行实时监测和模拟预测，实现对碳汇情况的全方位了解，促进碳汇资产的管理和增值、高效布局和完善。具体而言，就是在碳中和数据银行对碳汇评估和预测的基础上，针对具体的碳汇经营方法学，结合土壤、气象和作物生长等数据，利用人工智能、机器学习等技术对碳汇实现精准经营，也可以利用卫星遥感等领域数据，对碳汇经营效果进行实时监测，并根据实际经营效果采取有针对性的增汇措施。

（四）应用场景层

1. 低碳减排

碳中和数据银行在发挥基础设置层、数据要素层和运行模式层作用的基础上，可实现对高能耗高排放行业生产制造侧的数字化、低碳化、智能化改造，同时通过智能预测和增汇方法学，实现对碳汇项目的精准监测和有效经营，在碳源和碳汇两个领域最终实现碳中和数据银行促进低碳减排的应用场景价值。

2. 绿色金融

推进碳达峰、碳中和需要完善绿色金融标准，充分发挥绿色贷款、债券、基金支持减碳增汇作用，建立更加完善的绿色金融激励机制体系，建立覆盖面广、强制性高的环境信息披露制度。碳中和数据银行通过对碳达峰、碳中和领域的数据治理，可以为低碳技术投资、碳金融产品和碳排放权抵质押融资提供数据支撑，推动绿色金融激励机制和绿色金融体系的建立，最终发挥数据要素在金融科技侧助推数字经济高质量发展和减碳增汇的作用。

3. 碳交易市场

2021 年 7 月，全国碳排放权交易市场正式开启交易。张希良等、李涛等的研究结果表明，无论是碳排放权交易市场的碳排放交易，还是国家核证自愿减排的碳汇交易，都是基于碳排放和碳汇相关数据的认证交易。碳中和数据银行一方面可为碳排放权交易和国家核证自愿减排量交易提供海量的存储资源和充足算力支持，保障交易顺利实施；另一方面可为两项碳交易提供坚实的数据支撑，促进碳市场健康、协调、高质量发展。

三、数据基础设施助力碳达峰、碳中和的多维使能价值

数据基础设施是新时代高质量发展的重要基础设施，面向碳中和的数据银行是推动产业转型升级的新模式、新动能，能够为有效整合碳中和领域相关的技术流、物质流、资金流和人才流提供坚实的数据支撑和平台基础，有助于推进“双碳”领域产业模式创新、产业转型升级、数据要素融合共享和开放应用，最终实现政治、经济、社会和生态等多维效益和价值实现，如图 8–5 所示。

（一）政治效益：治理体系与治理能力现代化

从全球视角看，绿色发展是人类命运共同体的重要价值内涵，为推动全球积极应对气候变化、落实《巴黎协定》的减排目标，我国推动全球制定统一的绿色低碳技术标准，规范建设统一碳交易市场，凝聚国际社会绿色可持续发展共识，共同构建全球人与自然生命共同体，对于展现我国作为负责任大国的正面形象、推动我国参与国际治理体系和提升国际治理能力等诸多方面都有着积极的政治效益。从国内视

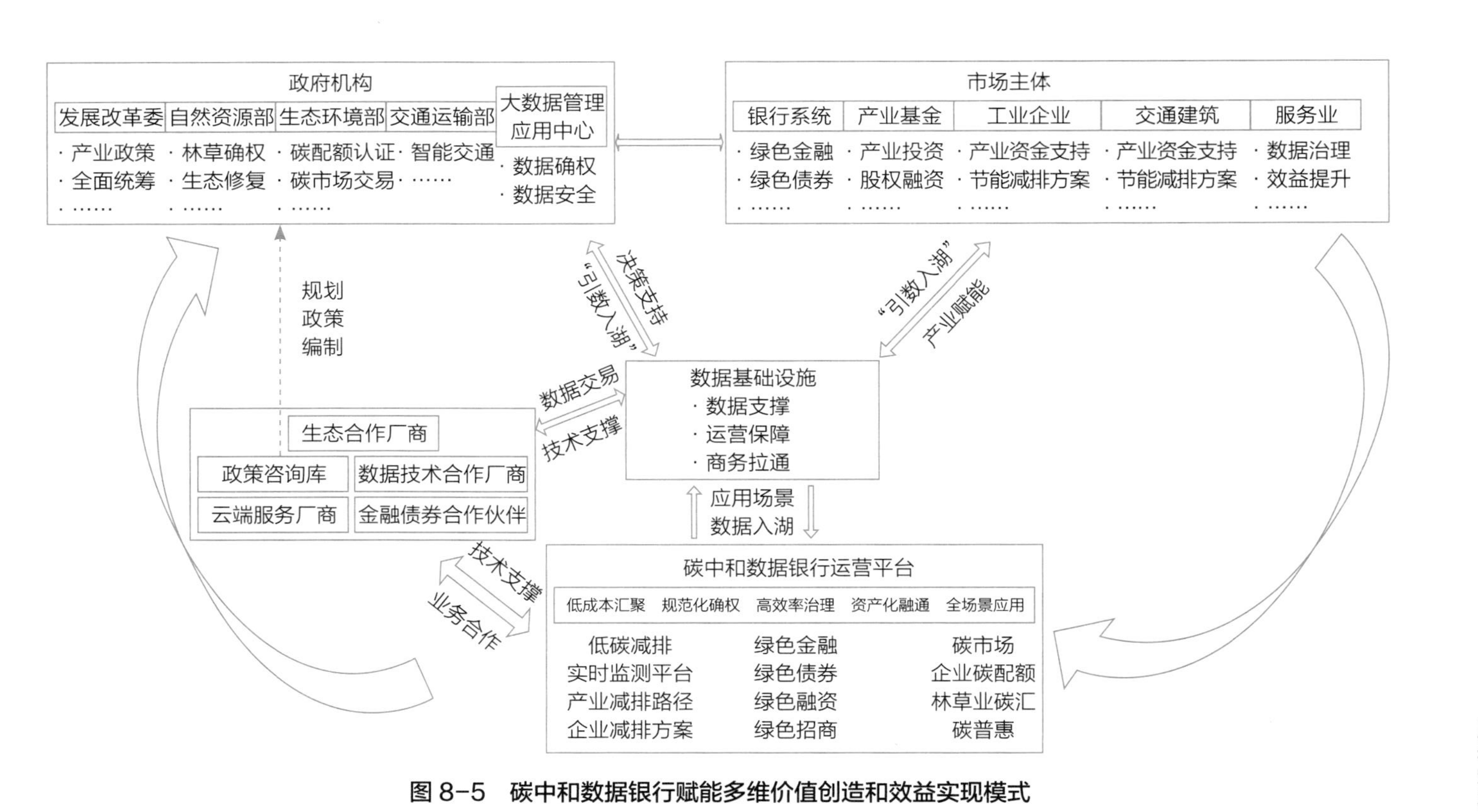

图 8-5　碳中和数据银行赋能多维价值创造和效益实现模式

角看：一方面，政府基于数据基础设施能够加快实施一系列政策工具，构建面向“双碳”目标的创新体系，包括政企合作的研发伙伴关系等，可以打破阻碍生态创新的各类路径锁定和路径依赖，鼓励社会资源从传统技术向绿色经济转移，助力国家生态文明建设目标实现；另一方面，基于碳中和相关的数据基础设施以及由此衍生的碳中和数据银行可以帮助地方政府认清本地区“双碳”进展和存在问题，支撑地方政府在“双碳”领域的科学决策和精准施策，助力国家绿色治理体系和绿色治理能力现代化。

（二）经济效益：产业低碳绿色转型

以碳中和数据银行为代表的数据基础设施可以激活多元市场主体，实现对金融、工业、交通、服务业等产业的数字化、智慧化、绿色化、低碳化赋能，推动产业绿色转型升级。实现“双碳”目标归根到底要靠技术创新和效率提升，即通过外部成本内部化，加快生态创新，从根本上改变生产方式和生活方式。创新是经济增长的不竭动力。数据基础设施可以为市场主体的技术开展和机制创新提供数据要素和平台支撑，推动区域创新系统基于绿色化、低碳化、数智化方向的重构和优化，以在科技创新和机制创新进程中实现产业绿色低碳转型。

（三）社会效益：绿色普惠生产生活

在政府层面，数据基础设施可以辅助政府绿色政策的实施。政府通过制定和健全绿色标准、各种补贴的应用和相关政策法规，鼓励消费者进行绿色消费，推进生活方式和经济增长方式的绿色转变。在企业层面，企业采取积极绿色低碳措施，可以有效降低成本，提升绿色消费的规模效益、品质和体验。在群众层面，碳普惠等绿色行动机制可以激励全民形成主动低碳、环保、节约、绿色意识和习惯。政府端、企业端和群众端的共同努力，可以推动全社会生产方式、消费方式、生活方式和发展格局的绿色化，促进生活方式和社会治理的双重变革目标实现。

（四）生态效益：人与自然和谐共生

碳达峰、碳中和是生态文明建设不可或缺的部分，实现“双碳”目标对有效应对气候变化、构建优良生态生活生产空间、实现人与自然和谐共生均有着极其重要的作用。当前社会经济和自然生态正处于从高碳向低碳乃至零碳转型的关键时期。随着后疫情时代经济的复苏，通过数据基础设施探索最优资源配置、持续绿色创新，促成在能源结构、绿色消费、绿色制造等众多行业的价值链重构，以推动高质量发展和绿色生态效益的提升。此外，在电力、交通、工业、农业、负碳排放领域，数据基础设施有助于赋能新的绿色技术和模式不断涌现，带来生活质量提升、生态环境保护等多重效益，在有效减缓气候变化、促进人与自然和谐共生、推动构建美好生活家园等多方面具有重要的潜在价值。

四、数据基础设施助力碳达峰、碳中和的现实挑战

（一）数据基础设施运行成本高、压力大

数据要素是数字经济时代的核心战略资源，但数据存储成本高、算力能耗高，给数字经济可持续发展和数据要素价值化带来了巨大挑战。大量淘汰设备也存在资源浪费、环境污染的风险，不利于数据中心实现海量数据的长期永久存储，数据基础设施绿色低碳运行面临巨大压力。

（二）区域行业数智化、低碳化高质量发展协同难

为促进高质量发展目标的实现，我们需要在区域和行业两个层面同时兼顾数智化和低碳化发展趋势。我国区域发展差异大，无法保证绿色化数据基础设施建设运营和地方发展能够齐头并进，区域数智化、低碳化高质量发展协同难。行业层面，实现“双碳”目标在政策、技术、标准、国际接轨等方面面临一系列难题和挑战。加之数智化和低碳化未完全融合，我们需要打破产业、法律、科技、制度、金融、安全等多行业多领域全方位协同的阻碍。

（三）“双碳”多线程、多路径目标实现阻力大

实现“双碳”目标是一项系统工程，有着多线程、多路径的目标实现路径。产业绿色转型是“双碳”目标的核心关键，推进绿色转型需要培育新兴产业、汇聚产业集群、推动科技创新。碳中和是“双碳”目标的标准度量尺，无论是政府、企业、个人还是区域和城市，都需要有具体的评价标准和明确的实施规范来度量实现碳中和的进展程度。建设美丽生态和美好生活是“双碳”目标的终极目的，需要发挥政策、法律、财税、金融等多种工具的作用，支持碳中和数据基础设施建设，实现气候减缓、节能减排、生态恢复、环境保护、经济发展等多项目标协同。

五、本章小结

（一）研究结论

数据基础设施是建设数字中国的关键基础设施，实现“双碳”国

家战略目标需要绿色低碳、安全可靠的数据基础设施。本研究针对节能减排和保障高质量发展的能源需求的矛盾，整合推动能源结构转型升级和产业绿色低碳发展的相关知识，助力解决“双碳”目标的路径与机制方面面临的问题，结合数据要素驱动创新发展和数据基础设施赋能行业数智化的本质特征，提出了在“数据—机制—使能”过程视角下数据基础设施赋能“双碳”目标实现的系统创新框架，揭示了以碳中和数据银行为代表的新型数据基础设施助力碳达峰、碳中和、实现多维价值创造的动态过程机制，并进一步探讨了数据基础设施助力碳达峰、碳中和需要直面的现实挑战，为推动数字中国战略与“双碳”战略协同实施、实现数字要素引领高质量可持续发展提供理论和实践启示。

（二）政策启示

展望未来，针对数据基础设施助力碳达峰、碳中和面临的紧迫需求和现实挑战，我国需要多措并举，进一步建设和发挥好以数据银行为代表的数据基础设施的基础性支撑作用，加快实现“双碳”目标：一是要完善数字中国战略和“双碳”目标协同的顶层设计；二是要加强绿色低碳科技攻关，尤其是利用数据要素和数字技术加快突破绿色低碳核心技术；三是多部门、跨区域和跨领域协同推进碳中和数据银行建设，加速工业制造等关键领域减碳；四是注重完善政策法规体系，通过制度创新和技术创新牵引的双轮驱动，打破碳达峰、碳中和的数据融通壁垒；五是要充分发挥我国超大规模市场和海量场景驱动的优势，加快碳中和数据银行多元应用场景的开发建设。在此基础上，探索数据基础设施助力实现碳达峰、碳中和的中国模式，以实现数字创新引领新发展阶段经济社会高质量发展，为全球碳达峰、碳中和事业贡献中国力量。

本章主要参考文献

[1] 新华社 . 中共中央 国务院关于构建更加完善的要素市场化配置体制机制的意见 [EB/OL].（2020-02-09）[2021-12-09]. https://www.gov.cn/zhengce/2020-04/09/content_5500622.htm.

[2] 祝合良，王春娟 . 数字经济引领产业高质量发展：理论、机理与路径 [J]. 财经理论与实践，2020，41（5）：2-10.

[3] 李春发，李冬冬，周驰 . 数字经济驱动制造业转型升级的作用机理：基于产业链视角的分析 [J]. 商业研究，2020（2）：73-82.

[4] PIRSKANEN E, HALLIKAINEN H, LAUKKANEN T. Propositions on big data business Value[C]//THE SCIENCE AND INFORMATION ORGANIZATION. Advances in Information and communication networks.Singapore: Springer, 2018：527-540.

[5] JOHNNY O, TROVATI M. Big data inconsistencies and incompleteness: a literature review[J]. International Journal of Grid and Utility Computing, 2020，11（5）：705-713.

[6] 林镇阳，侯智军，赵蓉，等 . 数据要素生态系统视角下数据运营平台的服务类型与监管体系构建 [J]. 电子政务，2022，（8）：89-99.

[7] 尹西明，林镇阳，陈劲，等 . 数据要素价值化动态过程机制研究 [J]. 科学学研究，2022，40（2）：220-229.

[8] 尹西明，林镇阳，陈劲，等 . 数字基础设施赋能区域创新发展的过程机制研究：基于城市数据湖的案例研究 [J]. 科学学与科学技术管理，2022，43（9）：108-124.

[9] 王建冬，于施洋，窦悦 . 东数西算：我国数据跨域流通的总体框架和实施路径研究 [J]. 电子政务，2020（3）：13–21.
[10] 绿色和平，赛宝计量检测中心 . 中国数字基建的脱碳之路：数据中心与 5G 减碳潜力与挑战 [R].(2021–05–28) [2023–12–10].
[11] 王灿 . 碳中和愿景下的低碳转型之路 [J]. 中国环境管理，2021，13（1）：13–15.
[12] 李晋，蔡闻佳，王灿，等 . 碳中和愿景下中国电力部门的生物质能源技术部署战略研究 [J]. 中国环境管理，2021，13（1）：59–64.
[13] 张希良，张达，余润心 . 中国特色全国碳市场设计理论与实践 [J]. 管理世界，2021，37（8）：80–95.
[14] 李涛，李昂，宋沂邈，等 . 市场激励型环境规制的价值效应：基于碳排放权交易机制的研究 [J]. 科技管理研究，2021，41（13）：211–222.
[15] 国际数据公司，曙光信息产业股份有限公司 . 2019 中国企业绿色计算与可持续发展研究报告 [R]. (2019–07–31) [2023–12–10].

实践探索篇

第九章 德生科技：场景驱动民生数据要素市场化

根据麦肯锡测算，我国公共数据开放的潜在价值在 10 万亿 ~15 万亿元，占 2020 年全国财政收入的 55%~82%。作为数据要素市场中体量最大、价值最高、公益属性最强的数据要素，公共数据蕴含着巨大的经济和社会价值，对于助力民生福祉、推进中国式现代化具有重要意义。党和国家高度重视开放公共数据，致力于推动公共数据市场化配置和价值化实现。2022 年 12 月，中共中央、国务院发布的《关于构建数据基础制度更好发挥数据要素作用的意见》重点提出要“建立数据分类分级授权使用规范”“探索用于数字化发展的公共数据按政府指导定价有偿使用，企业与个人信息数据市场自主定价”“探索建立公共数据资源开放收益合理分享机制”，以全面释放公共数据在提升政府治理能力、改善和保障民生服务、培育经济发展新动能等方面的价值红利。

政务数据作为公共数据的重要组成部分，由政府在履行公共服务和管理职能过程中采集和产生，并代社会对其控制和使用。政务数据的高效配置对于政府和民生来说具有重要意义。我国政务大数据建设及数据要素应用已经取得了飞跃发展，然而，其在数据要素的具体应用上依然存在较多的问题。国务院办公厅于 2022 年印发的《全国一体化政务大数据体系建设指南》文件中指出:“政务数据体系仍存在统筹管理机制不健全、供需对接不顺畅、共享应用不充分、标准规范不统一、安全保障不完善等问题。”同时该文件还对数据要素应用指明了方向:“坚持需求导向、应用牵引。从企业和群众需求出发,从政府管理和服务场景入手,以业务应用牵引数据治理和有序流动,加强数据赋能,推进跨部门、跨层级业务协同与应用,使政务数据更好地服务企业和群众。”该文件强调了场景对于政务数据破除瓶颈、创新应用的重要作用。

广东德生科技作为 A 股数字经济概念龙头股,长期深耕民生场景,围绕“城市居民服务一卡通”这一核心场景持续吃透。截至 2023 年 7 月,该公司已在全国 28 个省级行政区、150 多个地市成功实践,积累了海量的民生数据和丰富的应用场景,且在 AI 知识图谱、虚拟人等技术方面,实现了智能知识运用领域的多种 AI+ 场景应用服务,在广东、河北、安徽等 17 个省近 60 个地市上线,实现了“政策找人”“人策匹配”。其副总经理陈曲在发言中讲道:“数据产品的开发不是有数据就行,而是要从场景反推需求,再促使多渠道数据资源实现相互整合。”

基于对场景价值及数据要素价值倍增效应的深刻理解,广东德生科技股份有限公司(以下简称“德生科技”)以场景驱动民生要素市场化配置,为政企客户提供场景化解决方案,最终最大化释放数据的经济价值与社会价值,加快政务数字化转型,提升人民的幸福感。

一、场景驱动民生数据要素市场化配置的理论基础

CDM 是场景驱动数据要素市场化配置的典型机制,其核心在于瞄准公共、产业、企业和用户等多维场景,汇聚多元数据,将场景嵌入数据要素“收—存—治—易—用—管”的价值化全过程,通过识别场

景需求、设计场景任务、匹配场景与数据，最终完成数据价值释放，赋能真实场景并反哺生成新数据、构建新场景。CDM 机制作为场景驱动的数据要素市场化配置机制，在民生数据要素市场化配置领域具有重要作用。

（一）场景开发与构建

政策为民生数据要素的场景策源地，对于企业开发和构建场景，从而针对性设计场景化解决方案具有重要意义。2023 年 6 月，人社部《数字中国建设整体布局规划》《国务院关于加强数字政府建设的指导意见》和“十四五”系列规划部署要求，为加强数字人社建设，全面增强人社部门履职效能，制定了《数字人社建设行动实施方案》。方案从塑造数字化管理服务新体系、构建优质便捷服务新模式、开创精确风险防控新局面、开拓数字化检测分析新途径等八大方面二十九项提出了具体要求，并明确提出到 2027 年，数字人社建设取得显著成效，人社领域数字化治理体系和治理能力成熟完备，全国人社领域经办、服务、监管、决策水平全方位提升，实现整体“智治”。这为德生科技如何利用民生数据提供了场景切入点。针对方案要求，德生科技将其拆解为就业服务、社会保障、劳动关系协调等场景，从而为人社部门提供场景化、数字化、智能化的解决方案。

（二）场景与数据精准对接

我国人社部门积累了大量的公民和法人机构数据，涉及就业、征信、消费等多个领域。然而，从这些海量数据中提取有价值的信息，以满足不同场景的需求，仍然是一个挑战。CDM 机制通过深入分析政府、企业和用户等多维场景，为德生科技和人社部门提供有效的解决方案。首先，CDM 机制需要充分考虑政府、企业和用户在不同场景下的需求。例如，在就业场景中，政府可能需要关注劳动力市场的供需状况，企业需要招聘合适的人才，而个人则希望找到合适的工作。其次，在了解多维度场景的基础上，CDM 机制有助于识别各个场景下的具体数据需求。例如：在就业场景中，政府可能需要关注岗位空缺、求职者技能匹配等数据；企业可能需要关注求职者的教育背景、工作经历等信息；个人则可能需要关注职位描述、薪资待遇等数据。最后，通过对这些数据需求的识别，CDM 机制为人社部门提供了精准的数据支持。在明确数据需求后，CDM 机制要求从海量且繁杂的民生数据中，灵活调取与各个场景实际需求相匹配的数据源，使数据应用更贴近场景，为政府、企业和个人带来了更大的价值。

（三）数据综合价值提升

在实现场景与数据精准对接的基础上，数据综合价值提升的关键在于对各类民生数据（包括政府数据、企业数据和个人数据等多源数据）进行有效整合。各方亟须打破数据孤岛、推动数据跨部门共享和跨场景应用，充分发挥数据要素的价值，满足不同场景的需求。CDM 机制通过对政府数据、企业数据和个人数据等多源数据进行整合，构建了一个全面而准确的民生数据体系，可以进一步通过深度挖掘、分析和建模找到数据间的关联，从而为人社部门、企业和个人提供更有价值的数据产品和服务，提升人民幸福感。

（四）民生服务优化

CDM 机制使民生数据更加贴近实际民生服务场景，从而为民生服务体系的优化提供有力支持。通过多源数据的交叉融合和数据分析，人社部门能够更加精准地制定政策和策略，提升人社民生服务的质量和效率，实现民生服务的不断优化与创新。通过 CDM 机制，政府、民生服务机构、民生服务企业等民生数据要素生态主体将充分发挥供需匹配作用，针对人民群众真实的工作就业、娱乐、学习、食住行等生活场景需求，精准设计数据产品，释放民生数据价值。

二、场景驱动民生服务体系构建

面向人社民生服务应用场景，通过数据要素构建数据产品是数字人社建设方案的重点，主要包含匹配场景与数据元件、搭建数据服务专区、建设专区数据处理平台（场所）。建立以数据元件、数据金库为核心思路的数据安全和数据要素化工程体系，旨在提高人社部门的运营效率、服务水平，并实现更贴合场景、解决实际问题的数据运用。

（一）场景与数据元件匹配

数据元件是对数据脱敏处理后，根据需要由若干字段形成的数据集或由数据的关联字段通过建模形成的数据特征，是数据要素和数据产品的“中间态”，具有可控制、可计量、可定价的特点。德生科技在推进场景驱动数据要素市场化配置探索的 CDM 机制的过程中，持续聚焦人社场景，在政策找人、就业 / 失业服务、就业分析等多个场景域中，借助数据元件与其细化后的应用场景相匹配，再通过数据元件对数据产品进行赋能，从而实现了数据产品与应用场景的深度融合（表 9-1）。

表 9-1　德生科技在场景域的数据元件匹配

场景域	场景一元件匹配	应用场景细化
政策找人	应用政务数据及社会数据构建民生画像数据元件，准确判断企业群众生存状态、待遇资格等，实现“政策找人”“人策匹配”，主动推送政策信息和相关服务——“民生直达”	社保卡滞留发放：对已办社保卡未领取人员实现触达，促使其领取社保卡 社保参保办卡：对已参保未办社保卡人员实现触达，促使其申办社保卡 各类符合补贴优惠条件人员实现触达
就业 / 失业服务	应用社保数据及税务数据构建就业状态元件供政府部门系统调用，实现对目标人员就业情况的了解。元件因应不同应用场景可输出简单结果（如当前是否就业）或详细结果（如工作地点、工作单位、工作时长、收入区间等）	失业金核验：人社部门发放失业金前进行核验，确认此人处于失业状态具备领取失业金资格 失业金追溯：人社部门对于已发放失业金人员进行追溯核查，找出违规领取失业金人员并计算违规领取时长和金额，支撑失业金追讨工作 就业情况采集：为地方人社部门返回指定人员的就业情况（包括就业城市、就业单位、社保情况、收入区间等） 就业单位核验：面向社会企业（需提供个人授权），入参姓名、身份证、就业单位名，出参返回是 / 否标签。供服务行业进行客户资料更新以提高服务质量，如银行、民航等重视客户服务质量的大型企业

续表

场景域	场景—元件匹配	应用场景细化
就业情况分析	应用运营商数据对个人轨迹建模画像，可针对全市的劳动力人群、大学生等特定群体的就业情况制作就业情况分析报告，便于人社就业部门制定政策和对不同人群进行精准服务	本市就业分析报告：制作全市的劳动人口的就业分析报告 本市大学生就业分析报告：制作本市大学生的就业分析报告
生存状态服务	应用公安、民政等政府数据及社会平台数据如交通出行等数据构建人员生存状态数据元件，助力人社部门明确领取养老金人员的生存状态，对违规领取人员及时停止发放及追讨养老金，从而保障养老基金的安全	养老金核验：人社部门发放养老金前进行核验，确认此人处于生存状态具备领取养老金资格 养老金追溯：人社部门对于已发放养老金人员进行追溯核查，找出违规领取养老金人员并计算违规领取时长和金额，支撑养老金追讨工作
职业背调	根据犯罪和不良行为数据构建个人不良行为画像元件，供企业招聘和政府特别是人社部门批量调用	安心用工：面向政府部门对于劳动力输出城市每年定期组织本市劳动力外出到其他兄弟城市务工，在对接每批务工人员的同时向接收城市提供各人的不良行为报告，使接收城市安心录用务工人员，也适用于人力资源和劳动力中介批量生成务工人员不良行为报告 放心聘：招聘企业通过小程序获得应聘者授权，生成应聘者学历、婚姻、工作经历、技能、不良行为等维度的背调报告
企业背调	通过对接多方数源包括经营、信用、用电、用人等，综合构建企业评价元件供调用	安心合作：企业合作前通过本应用获取合作方的竞调报告，了解合作方的经营现状、信用状况、发展趋势等，使双方更放心地进行商务合作

（二）搭建数据服务专区

数据金库作为一个全自主、高安全的底层运行支撑，用于存储不能公开但非常重要的数据，将数据金库里的数据加工成数据元件，再通过数据元件对数据产品进行赋能。数据服务专区用于对接数据源、数据原件以及数据金库的入库保存；同时对接数据元件交易平台，从而实现人社各项民生数据元件的估值、定价和交易，实现民生数据要素价值化。

（三）建设专区数据处理平台（场所）

德生科技非常注重数据的安全性，其专区数据处理平台需要在接受统一数据安全监管的前提下才能开展民生数据的设计、测试和生产。在接受统一数据安全监管的前提下，它可以实现丰富的数据处理功能和强大的算力支撑能力，为复杂场景的分析和适配提供技术基础。

三、案例总结与启示

德生科技在推进场景驱动民生数据要素市场化的过程中，充分认识到场景与数据元件的紧密关系，在政策找人、就业 / 失业服务、就业情况分析等方面应用数据元件，高效匹配不同的人社场景，为政府和企业提供了高效的数据支持。与此同时，他们构建了数据服务专区、专区数据处理平台，为数据要素安全流通、产品创新提供了强大支撑（图 9–1）。

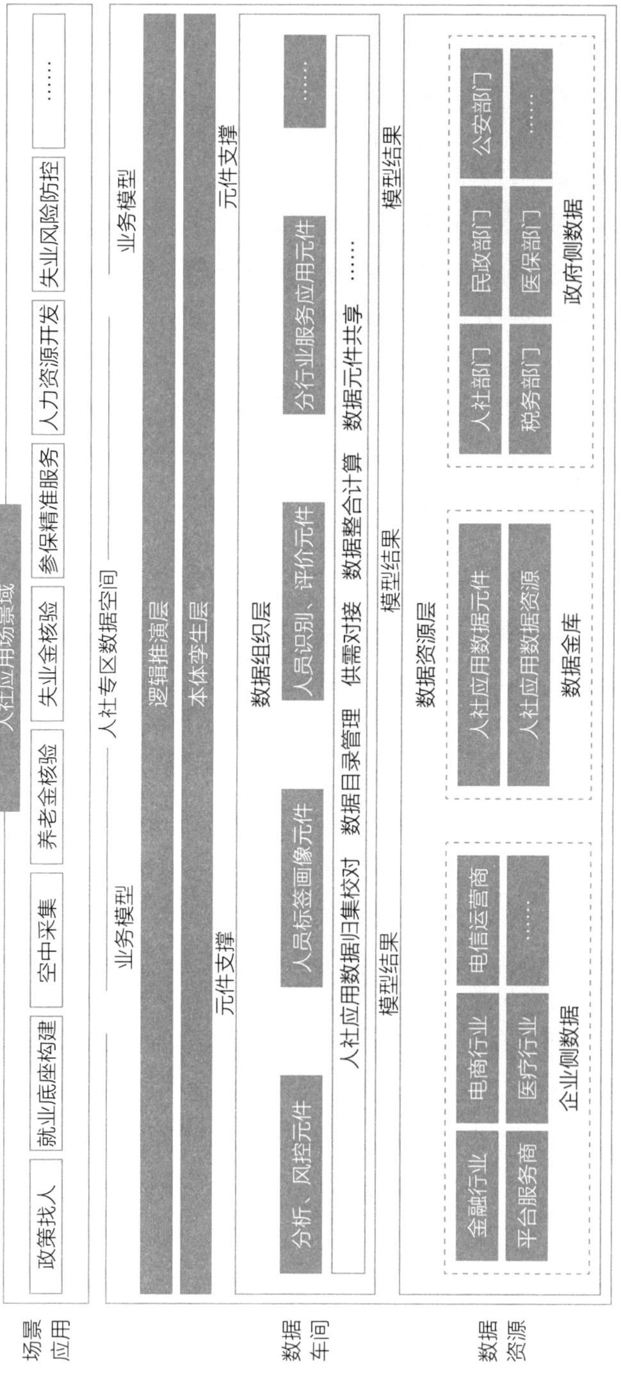

场景应用

人社应用场景域

政策找人 | 就业底座构建 | 空中采集 | 养老金核验 | 失业金核验 | 参保精准服务 | 人力资源开发 | 失业风险防控 | ……

数据车间

人社专区数据空间

业务模型　业务模型

逻辑推演层

本体孪生层

元件支撑　元件支撑

数据组织层

分析、风控元件 | 人员标签画像元件 | 人员识别、评价元件 | 分行业服务应用元件 | ……

人社应用数据归集校对　数据目录管理　供需对接　数据整合计算　数据元件共享　……

模型结果　模型结果　模型结果

数据资源

数据资源层

企业侧数据：金融行业 | 电商行业 | 电信运营商 | 平台服务商 | 医疗行业 | ……

数据金库：人社应用数据元件 | 人社应用数据资源

政府侧数据：人社部门 | 民政部门 | 公安部门 | 税务部门 | 医保部门 | ……

图 9-1　场景驱动下的民生服务体系构建

（一）凝练民生场景问题

利用智能算法和人工智能技术，建立自动化的场景识别系统，实时分析和理解各类场景需求，并接力建立动态场景更新机制，及时响应社会、经济、政策等方面的变化，通过监测实时数据，不断调整凝练场景画像，找到重点场景。

（二）构建场景与数据匹配机制

企业应构建多维度、多层次的数据元件，结合不同场景的复杂性和多样性提高数据元件的适用性和灵活性，使其能够更快调用至细分场景，并通过场景需求反馈机制，不断优化场景与数据元件以及数据产品的匹配，构建场景与数据动态匹配机制，充分提高民生数据要素市场化配置效率。

（三）鼓励企业数据跨场景开放

政府应鼓励企业共享场景信息和数据要素，以推动不同行业主体间的协同创新，并通过跨场景组建场景驱动创新生态系统，促进不同主体间的协同创新。与此同时，建设以场景为导向的数据共享平台可以推动智能市场配置。政府可以提供规范和监管，鼓励主体积极参与，实现场景驱动下的民生数据要素市场配置更加智能和精准。

（四）支持开放式数据平台

政府在数据领域的支持是关键，要创造开放式数据平台环境，鼓励企业开放数据接口，制定开放数据标准，推动不同数据源和使用方的高效交换和协同，为市场配置提供更高效的基础设施。

第十章
贝壳找房：场景驱动数据要素赋能新居住服务

中国大型连锁房产中介品牌有十多家，虽然创立背景有所区别，但在数字化时代大势下，唯有链家及其破茧而出的贝壳找房能在产业数字化方面取得突破性成效，以自身转型带动产业升级，这与创始人左晖秉持的长期主义经营理念密不可分。在房屋中介野蛮生长的年代里，左晖带领着他在2001年创立的连锁房产中介企业——链家不断挑战“行业惯例”，突破业内疯狂生长的荆棘，建立起秉持长期主义愿景的职业化团队和品牌。8年后，链家又重新出发，坚持12年不计回报的数字化投入，让链家从线上化信息化的跟随者脱颖而出成为海量数字化房源信息的支持库，也成就了一个以场景驱动，利用数字技术和数据要素实现居住服务生态重塑者——贝壳找房。

创立于2001年的链家曾经用18年的时间成为居住服务行业的领军者之一，而面对产业数字化新机遇，链家创始人左晖以壮士断腕的战略决断力，正式开启了链家的自我颠覆式转型——2018年4月，以左晖、彭永东等链家高管为核心的团队正式创立贝壳找房，突破“链家时代”的垂直自营模式，搭建了数字技术和数据要素驱动的开放型新居住服务平台。

贝壳找房不但打造了中国房屋中介市场第一个比肩房源共享系统

（multiple listing service, MLS）的房源信息数据库——“楼盘字典”，而且创造性地推行了超越美国现行经纪人管理规则的一套可标准化房地产经纪人合作机制——经纪人合作网络（agent cooperate network, ACN）机制。这些都在不断地吸引着投资人。贝壳找房是中国掌握海量房源信息、建构起完善的数字创新管理体系的居住服务行业数字化转型领头羊。

这项充满挑战和风险的数字化变革，不但为贝壳带来了指数型增长，也赢得了包括高瓴、红杉、软银等众多知名投资机构的垂青。2019 年，贝壳成交总额（gross transaction value, GTV）突破 2.1 万亿元，比 2018 年的 1.15 万亿增长 82.6%，成为中国居住服务第一平台；而同年京东 GTV 为 2.08 万亿元，这标志着贝壳已经成为仅次于阿里的国内第二大商业平台。2020 年 8 月 13 日，贝壳在纽交所上市，开盘当日股价上涨 87.2%，公司市值超过 422 亿美元。截至 9 月 10 日收盘，贝壳市值攀升至主要同行我爱我家、房天下、58 同城、易居、房多多市值总和的近 5 倍，贝壳找房也成为继阿里、腾讯、美团、京东、拼多多、小米之后的第七大赴美上市的民营中概股，而此时距离贝壳正式成立仅 2 年。2020 年底 BrandZ 发布全球 TOP100 品牌价值榜，贝壳首次上榜即位列第 48 名，成为当之无愧的“黑马”。

链家的 18 年和贝壳的 2 年经历了怎样的起伏？贝壳找房对原有的房屋经纪商业模式做出了哪些创新与颠覆？左晖和他的团队一直坚守的企业价值观是什么？链家，这一传统居住服务领域的头部玩家在数字化转型的大潮下，从垂直自营品牌、自我革命，转向了开放共创平台，成就了贝壳找房这一新居住服务领军者，在产业数字化转型方面进行了极具代表性的引领性探索。

从链家到贝壳，用了 18 年；从上线到上市，贝壳只用了 28 个月。深耕垂直领域的链家何以在居住服务行业的激烈角逐中脱颖而出？由链家破茧而出的贝壳找房又是如何在居住服务产业数字化转型中一骑绝尘，成就新居住服务引领者的？左晖及其创立的链家在产业数字化的时代机遇面前，瞄准居住服务场景的痛点难点，以场景驱动创新，推动数字技术和数据要素同实体经济深度融合，不但使得链家破茧化蝶成就了贝壳找房这一“新物种”，也在开辟自身“第二增长曲线”的同时，以场景驱动创新加速新居住服务生态建设，探索场景驱动数据要素市场化配置、赋能美好生活的N种可能。

一、大象起舞:“头部玩家”链家的自我颠覆

贝壳创始人兼董事长左晖多次强调“贝壳找房是18年的链家和2年的贝壳的组织结合体”。自2001年创立起，链家历经“纯线下时代—信息化时代—互联网时代”的三阶段战略升级，逐步发展成为房地产中介行业的领军品牌。于2018年正式创立贝壳，不但是链家从垂直自营品牌迈向开放平台的自我颠覆色彩的整合式创新，也标志着左晖及其带领的链家由内而外地全面拥抱数字化，开启全新的数字化平台化发展阶段。

（一）挑战房产中介的“行业惯例”，链家于重重阻力中变革向前

1998年，福利分房制度被取消，公房交易市场被激活，二手房交易市场日渐活跃，中国房产经纪行业快速复苏。1999年北京市出台《已购公有住房和经济适用住房上市出售管理暂行办法》，从政策层面开放二手房上市流通，国内二手房交易市场迅速活跃起来。从交易量看，2000年全市二手房成交1 000多套，之后4年，成交量迅速增长，分别为5 000套、9 000套、21 000套和39 000套，同比增长400%、80%、141%和85%。从交易价格看，2004年北京二手房交易成交价为每平方米3 273元，较2003年的每平方米2 975元上涨了298元，

增幅为10%。总体来看，北京的二手房市场正处于快速发展的扩张期。彼时中国房屋分配市场化改革刚起步，房地产经纪人管理机制尚未建立，巨大的市场需求和管理制度上的真空状态，成为滋养经纪人宰客行为的沃土，二手房交易市场鱼龙混杂。“吃差价”和“行纪”成为经纪人赖以生存的手段，前者靠出卖委托人的利益获利，后者则催生了炒卖风险。在劣币驱逐良币的市场规律下，社会对房地产中介行业的评价逐渐降到冰点，房产经纪人成为“狡诈”的代名词。其中典型的行业惯例包括“吃差价”“骗看房费”和“卷款潜逃”等。这种完全野蛮化的市场环境导致交易推进异常困难。

在旧有规则体系下，创立于2001年的链家并不占优势，也无法打造差异化竞争点，谋发展必然要设法突破长久以来的“行业惯例”。左晖可能不是第一个看不惯这些行业惯例的人，但他是第一个敢于向这个野蛮市场亮剑的人。理工科出身的左晖为人求真务实，在他的带领下，链家本着为客户提供有品质的“格式化”服务的理念，怀着“慢就是快”的信念，在成立后的3年内站稳了脚跟。左晖在链家步入正轨后做的第一件事就是禁止吃差价行为和保障消费者的资金安全。2003年，链家与银行合作进行第三方资金托管，提出“签三方约、透明交易、不吃差价”，并于2004年在内部正式禁止经纪人“吃差价”。

然而，“行业惯例”极大地阻碍了链家的改革。这一举措使经纪人的收益大幅减少，导致大量经纪人出走，业务量猛跌。链家的二手房经纪业务同时面临内部增长乏力和外部竞争激烈的双重困境，组织内外的矛盾和行业的快节奏变化，使得左晖面临巨大的压力，几近崩溃。但是，秉持“做难而正确的事，而不是仅仅追求商业上的成功”，他咬牙坚持了下来。强大的内外部阻力使链家意识到仅靠制定规则远远不够，还必须依靠大量秉持同样理念的从业者。于是，链家决定从人员素质入手颠覆“行业惯例”。

链家一方面让部分租赁经纪人转做买卖行业；另一方面走进校园

招聘应届生，将工作重点放在对经纪人业务能力和职业道德的培养上。在经历了相当长的一段“无产出期”和自我更新后，链家终于迎来了长期增长。经过专业培训的高素质经纪人团队服务质量高、执行力度大，是链家留住客户的“撒手锏”。稳定且有保障的服务品质带来了口碑效应，客户咨询量比之前更大且更优质。这个曾经籍籍无名的小中介品牌终于在北京市场站稳脚跟。

2006 年，北京市建委发布的《关于开展北京市房地产经纪行业专项整治活动的实施方案》回应了左晖的坚持。该方案将房地产经纪机构在从事二手房交易时的“吃差价”行为列入整治之列。这场“不吃差价”的改革就像是一个火星把无边的黑夜烧出了一个洞。在长达两年的坚持后，房产中介市场无序运营的情况第一次得到了改善，客户与经纪人、中介品牌间的信任开始逐步建立。

为了与客户建立良好的互信关系，链家开始探索经纪人的标准化管理，用规范专业的服务和透明安全的交易过程赢得客户的信赖。尤其是 2016 年上海客诉事件发生后，链家更加注重内部价值观建设，坚持高速发展的同时持续反省和更新组织文化和组织架构，从而确保企业有能够持续“做难而正确的事”的能力。

回顾链家崛起之路，正是在一次次挑战行业惯例的实战中，自上而下“做难而正确的事”的核心价值观和组织文化也逐步清晰起来，支撑链家打造了以专业化能力和职业操守为主的经纪人队伍，形成了以经纪人为核心的价值脉络。这也构成了链家成为房产中介服务行业“头部玩家”并成功引领产业数字化转型的重要战略性资产。

（二）“摸着石头过河”，搭建楼盘字典，打造居住服务行业数字新基建

发布假房源一直是客户深恶痛绝的营销手段之一，即通过发布低

于市场价或并不存在的房源信息达到增加客户流量的目的。缺乏真实的房源数据库使客户面对浩如烟海的房源产品缺乏有效的筛选渠道，企业也无法真正掌握房源这一核心资产，服务效率和建立行业信任更是难上加难。对此，链家决定从布局楼盘字典保障楼盘信息真实性上切入，“摸着石头过河”，尝试从根本上破解假房源这一长期存在的行业“潜规则”。

链家于2008年开始投入大量人力物力搭建楼盘字典，这又是一项投入巨大、“无产出期”长的“一把手工程”。左晖聘用了几百人，在30多个城市中做烦琐的“房屋普查”基础性工作。这一过程中，链家借助人力、数字技术和工具，对系统内每一套房屋都从门牌号码、户型、朝向、区位条件等多个方面标注解释。2011年，链家率先提出房屋中介行业的“链家标准”，即“真实存在、真实在售、真实价格、真实图片”，启动真房源“假一赔百”的行动，并在消费者保护协会设立先行赔付保证金；2012年承诺全渠道100%真房源，在行业内掀起了彻底打破行业潜规则的革命；2017年内部上线验真产品，并在次年全国多地同步上线验真系统。

从2008年到2018年，十年的数据资产沉淀、迭代与运营，链家积累了行业最真实和最大规模的数据资产，也为链家以线上化重构房产中介服务流程，进而以平台化重构整个行业的商业模式奠定了大数据基础。

（三）从线上化到数字化，青出于蓝而胜于蓝

链家对线上业务的布局由来已久。过去房屋中介行业属于重资产行业，尤其是链家为了保证服务品质，在推广过程中重点发展自有门店，线下大规模推广的盈利难度逐渐提升。为获得更大流量，2010年链家和搜房网进行流量层面的合作，并在2014年开始尝试独立运营线

上平台——链家网。

面对58同城、安居客、搜房网等强劲对手，链家逐渐意识到仅做信息搜集者无法创造企业独特的竞争优势，更无法优化业务流程和提高运营效率。因而链家放弃了消费互联网的纯线上化模式，选择了线上线下并行，由门店树立品牌印象、由数字化平台开拓客户流量。左晖曾说："线上从0到1是非常难的，如果你从0到1这一关过不去，也就过不去了；线下从0到1没那么难，难的是从1到100，或者用比较低成本的方式做到比较高的效率。"链家结合其线下门店业务十多年的积淀，探索将高品质服务的理念从线下贯彻到线上，打通线上到线下数据循环模式（online to offline, O2O），实现业务流程线上化、数字化，尝试给每位到店用户提供有品质的标准化服务。这样的方式一方面优化了消费者的在线筛选体验，另一方面提升了线下带看和推荐的针对性，大大提高了成交概率和效率。

产业数字化的关键不只是业务和运营线上化，更需要可信赖、可持续的数字化合作机制保驾护航。房产中介行业线上化的传统业务逻辑是先由线上平台收集和开发房屋买卖信息，线下中介品牌缴纳一定信息使用费接入平台，再由门店经纪人以平台提供的信息为线索联系带看并促成交易。因为线上平台无法标准化控制经纪人在交易中的行为，导致经纪人之间争抢房源、撬单等恶性竞争层出不穷。链家意识到，想要根本性解决房屋经纪行业职业化水平低、服务品质低、客户满意和信任度低等行业发展痛点，必须从规则革新入手，打破经纪人之间的零和博弈与恶性循环。在此背景下，链家于2010年开始正式打磨经纪人合作网络（agent cooperation network, ACN）机制。这一机制通过切分房屋经纪业务的服务环节对经纪人的行为进行标准化，力求从制度上杜绝"套路"，提升中介从业者的社会地位，从而推动房产经纪人向职业化迈进，建立起外部可信的竞合网络。

正所谓青出于蓝而胜于蓝，从早期线上化的探索到后来经纪人合作机制的创新，也是2018年从链家到贝壳找房，通过自我颠覆的整合式创新，把握场景驱动创新的重大机遇，走向数字化开放共创平台所依托的最重要的“底层操作系统”。

二、透视贝壳模式：场景驱动数字倍增，加速产业数字化

建设世界科技强国和培育世界一流创新型领军企业，均需要应用整体观和系统观思想，以前瞻性思维准确把握时代趋势、挑战和机遇，以战略视野和战略创新驱动引领技术创新和管理创新，实现技术和市场的互搏互融，强化内外协同和开放整合，最大限度地释放技术创新的潜在价值。尤其是在数字化转型的时代，企业发展的内外部环境更加复杂多变、模糊不定，唯有打造数字化转型的动态核心能力，才能够实现指数型和跨越式增长。

贝壳找房的创新突围与产业数字化转型之路，则是带有自我颠覆色彩场景驱动整合式创新的典型探索（图10–1）。究其本质，是左晖及其领衔的垂直行业“头部玩家”——链家在产业数字化的时代机遇面前，开启了带有自我颠覆色彩的整合式创新之路，以战略创新为引领，开放组织边界，转向开放共创共治的平台，以数字技术创新与机制创新双轮驱动，释放数据要素放大叠加倍增价值，打造了互为促进的数字化技术核心能力与数字化管理核心能力，“双核”协同整合形成“产业数字化动态核心能力”，以此破解居住服务行业数字化转型的场景痛点，在实现自身指数型增长的同时，致力于通过“数据与技术驱动的线上运营网络”和“以社区为中心的线下门店网络”，推动整个行业的数字化转型，使科技驱动的新型居住服务行业能实现生态发展。

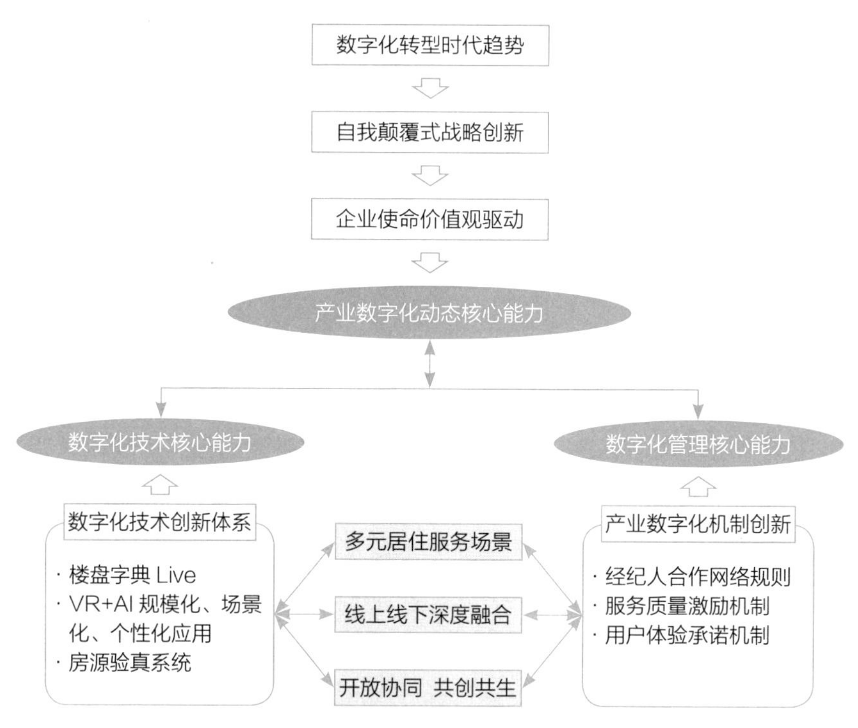

图 10-1 贝壳找房场景驱动数字倍增赋能产业数字化转型模式

正如贝壳联合创始人、CEO 彭永东所言，贝壳是用产业互联网思维，而非传统消费互联网思维，把整个产业物的标准、人的标准和流程的标准重新做了一遍。对于产业互联网而言，只有根植于产业和服务场景本身，并与管理变革协同整合，技术创新的价值发力才会更有指向性。

历经两年多的探索，截至 2020 年第三季度，贝壳模式已经连接 273 个新经纪品牌，覆盖 103 个城市，平台接入超过 4.4 万家门店，经纪人总数超过 47.7 万人。2019 年贝壳平台总成交额中，除链家外的其他新经纪品牌贡献的成交总额占 46.9%，平台完成的存量房交易跨门店合作占比超过 70%。贝壳自上线以来，数据体量的年自然增长率，在 2018 年、2019 年、2020 年，分别达到了 21.34%、97.09%、238.3%，数据体量的指数型增长也是贝壳数字化整合式创新的一大新亮点。

（一）战略创新引领：从垂直自营品牌走向数字化开放共创平台

船大难掉头，行业领军者最大的挑战并非能否在原有赛道上持续引领，而是如何突破“成功者的诅咒”，实现持续的创新跃迁。因为过去成功所依赖和强化的核心能力往往会带来组织僵化和管理者战略上的短视，从而导致企业家难以及时推进组织更新、文化重构和战略变奏，最终错过新的市场机遇乃至被后发者颠覆。整合式创新理论认为，要突破“成功者的诅咒”，企业家和管理层最关键的职能是以企业核心价值观和战略视野驱动推进战略创新，这是引领组织实现创新跃迁、开辟“第二增长曲线”的重要先决条件。

回顾贝壳的发展，“品质为先”的经营理念和创业过程中沉淀的“做难而正确的事”这一企业核心价值观，贯穿了从链家到贝壳的20年创业与战略变奏。“对于贝壳来说或者对于曾经的链家来说，我们会比较坚定地把自己相信的那些事情做出来，尽量让组织内部的所有人相信那些事。这可能是我们在过去的十几年时间里，我自己觉得做得稍微有一些成绩的地方。”不论是创业时期力排众议坚守经纪人的职业操守、对房屋交易流程规范化的不懈追求，还是壮大阶段不计成本对楼盘字典等数字技术创新的不断探索、用ACN等机制创新赋能全行业的宏伟愿景，从链家到贝壳，他们始终都在追求“有尊严的服务者、更美好的居住”这一使命。

贝壳自我颠覆特色的整合式创新得以落地的两大基石，是数字化技术创新体系和产业数字化机制创新。一方面，数字技术和数据要素为贝壳搭建起了数字化创新的底层架构；另一方面，ACN合作机制创造的开放生态系统旨在通过分享合作提升全行业效率。技术创新和机制创新相辅相成打造了贝壳的产业数字化双核能力，实现了平台、经纪人、客户之间高效协同、互相促进的创新生态系统，以ACN机制驱动的数字化居住服务共创模式加速构建了中国领先的居住服务平台，打造了链接用户端（C端）生态网和服务提供者端（B端）生态网，支撑了新居住生态的“数字化新基建”，重构并引领了居住服务行业（图10–2）。

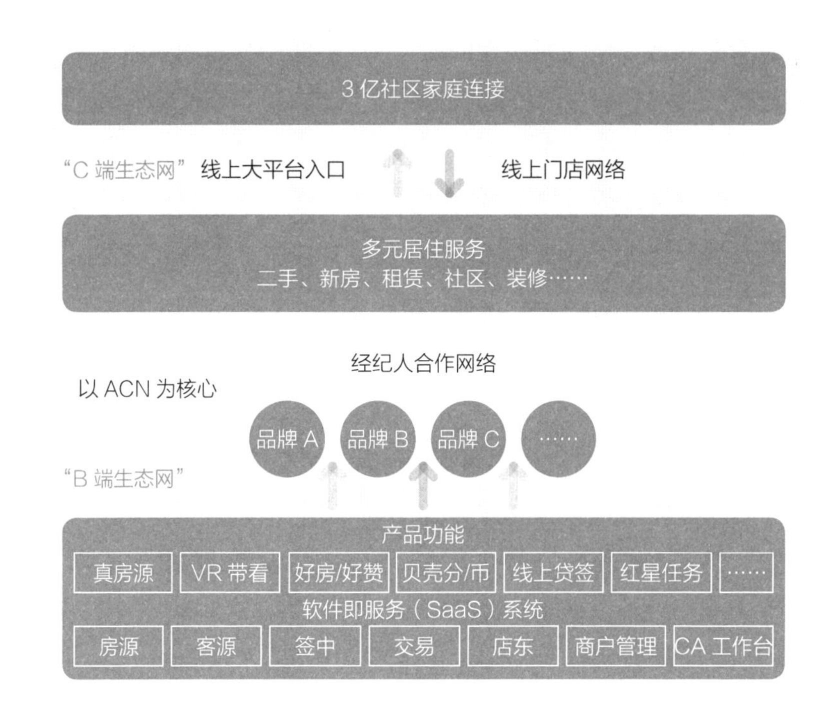

图10–2 贝壳ACN机制驱动的数字化开放共创平台

（二）数字化技术创新体系：打造居住服务行业的数字新基建

1. 从楼盘字典到楼盘字典Live

从2008年开始人工搭建楼盘字典开始，链家用3年的时间探索出技术与设备的升级方案。2011年链家为每个跑盘专员配置了GPS轨迹定位器、时间经过校准的相机和智能手机，利用技术手段保证所采楼盘信息的真实性。数据工程师把采盘专员上传的楼盘实拍图像处理成为系统中的结构化数据，组成楼盘字典的一部分。相对于同期同行的手工填报和抽查解决方案，链家采用更高成本的先进设备和大数据结合的方案构建真房源数据库。尽管当时左晖自己也无法预期楼盘字典这个庞大的数据库何时才能产生价值，但他仍然坚持“不计成本投入地开发”，甚至对楼盘字典团队不设投入产出绩效考核。直到2018年，链家对这一项目累计投入超过6亿元。根据贝壳2020年第三季度财报，楼盘字典积累的真实房源数突破2.33亿套，覆盖全国57万小区的490万栋楼宇，已成为国内覆盖面最广、颗粒度最细的房屋数据库。

如果说楼盘字典解决的是真房源，那楼盘字典Live就是让数据活起来、动起来。依托于楼盘字典Live，房屋过去的交易情况、带看次数和频率，都能清楚地在系统里呈现并且被实时更新。这种更为即时的数据，也能够更真实、有效地反映出市场情况，为服务者和客户提供更多的数据支持，大大提升合作效率，为借助服务规则创新而重构互信互利、合作共赢的行业风气提供了数字化底层技术支持。

2. 从VR看房到AI讲房

2018年贝壳在业内率先把VR看房服务落地，实现房源3D全景的线上展示，为买方和经纪人都提供了相对确定的信息，有效减少了双方筛除不符合要求房源的时间。更直观形象的房源VR图带来了更高效的匹配、更生动的体验、更透明的操作，全面优化了用户体验，弥合了时间差异和空间距离的鸿沟。VR看房等数字技术驱动的业务产品和线上闭环的房屋交易模式，在疫情期间成为贝壳平台的显著优势。截至2020年三季度末，贝壳累计通过VR采集房源711万套，同比增长191.7%。2020年9月，贝壳VR带看占比超过整体带看量的40%，VR看房逐渐成为用户习惯。

为了更直观地让用户获得房源信息，贝壳在VR看房的基础上加入了 AI 讲房。通过图像识别、结构处理等算法智能化处理三维空间信息，AI 助手会从周边配套、小区内部情况、房屋户型结构和交易信息等维度为用户提供个性化的智能语音讲房服务，全过程只需三秒。VR 本质上做的是通过实现房屋数字化三维复刻，夯实居住服务行业的数据基础。

数字化技术创新体系也加快了贝壳数字化服务机制的创新速度和对线上化场景改造的能力。贝壳针对最复杂的贷款签约场景打造了线上核签室等数字化产品，通过整合实名认证、人脸识别、电子签章、OCR 自动识别等技术，打通了线上交易闭环的“最后一公里”。从确定成交意向到签约及打款，交互场景全部实现数字化，比传统的贷款面签时长平均缩短 20%。截至 2020 年 9 月底，贝壳线上贷签服务已覆盖全国 45 座城市、66 家合作银行的 1 000 多家支行。

（三）数字化机制创新：夯实产业数字化的信任基础

贝壳找房率先将战略目光聚焦到经纪人与客户接触成交环节，找到了传统线上信息化找房平台混乱的症结所在。过去，房产经纪人的行业平均从业时间只有 6 个月。由于收入或者社会地位等许多原因，大部分经纪人只是将这份工作做为空窗期的过渡，而非一份终生职业。房屋交易标的金额大，许多经纪人在职业生涯内都很难达成一单交易，造成了经纪人单次博弈的诚信缺失。此外，签单决定成败的交易机制催生了撬单行为等恶性竞争方式，极大地降低了交易效率，严重侵蚀了居住服务行业的信任基础。

为了彻底破解复杂、非标准化和低效内耗的交易模式给居住服务行业数字化转型带来的阻碍，贝壳全面应用的 ACN 机制将原来由一位经纪人负责的房屋买卖过程分成 10 个细分任务，并设置了 10 个相应的角色，按照贡献程度分享原来由一位经纪人独享的中介费（表 10–

1），并通过“贝壳分”这一以用户为核心的信用评价体系来不断激励平台服务者优化服务质量。如此一来，ACN 机制用多赢博弈取代了零和博弈，经纪人之间的关系由博弈变为共赢共生。这样价值共创的过程既缓解了原本激烈的竞争关系，又为平台中的经纪人创造了一个职业道德水平相对更高的生存环境，用协作提升平台每位参与者的价值创造与收益的天花板。同时，平台为每个角色规定了更加具体的工作范围，提高了居住服务工作过程的标准化水平，赋能经纪人的职业化，进而打造了新居住生态基础设施的核心机制支撑。

表 10-1　ACN 合作网络角色定义与价值创造路径

	角色	价值创造路径	价值分配比例
房源端	房源录入人	录入委托交易房源	约 40%
	房源维护人	熟悉业主、住宅结构、物管及周边环境； 客源方带看过程中陪同讲解	
	房源实勘人	拍摄房源照片 / 录制 VR 并上传至系统	
	委托备件人	获得业主委托书、身份信息、房产证书信息并上传至政府制定的系统	
	房源钥匙人	获得业主出售房源的钥匙	
客源端	客源推荐人	将契合的客户推荐给其他经纪人	约 60%
	客源成交人	向买房人推荐合适房源并带看； 与业主谈判协商，促成双方签约	
	客源合作人	辅助匹配房源；协助准备文件；预约；等等	
	客源首看人	带客户首次看成交房源的经纪人	
	交易 / 金融顾问	签约后相关交易及金融服务	

同时，经纪人依托于平台的数据化技术体系支持，在客户进店之前就能充分了解客户需求，便于开展个性化和定制化的交易服务，在

提高交易效率的同时，为用户带来更优质的服务体验。优质的服务反过来为平台招徕更多顾客，进一步加强了数据积累，实现了更高的成交额转化和服务成效。

总体来说，贝壳通过产业数字化机制创新和数字化技术创新的有机协同，打造了数据驱动的线上化居住服务平台，形成了数字化管理核心能力和数字化技术核心能力的“双核协同”，并将其整合成贝壳独特的数字化动态核心能力，驱动了居住服务行业数字化基础设施的循环迭代和升级，在 B 端以标准化、在线化、网络化和智能化来驱动服务者效率的提升（图 10–3），进而推动了 C 端消费者体验的持续升级。

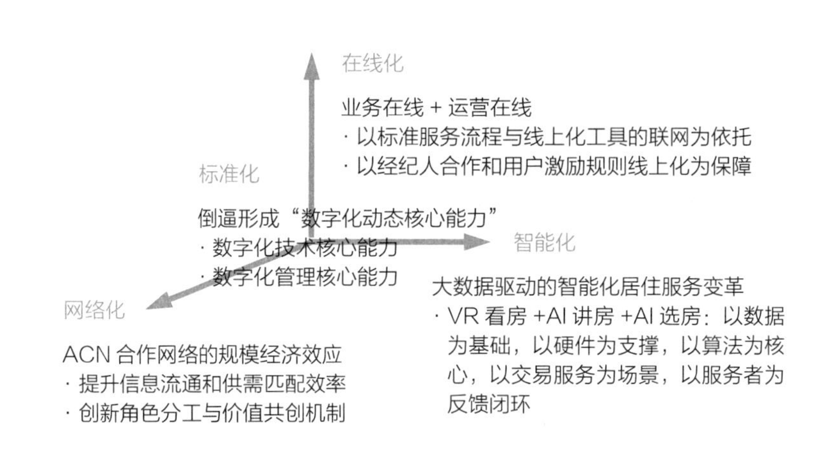

图 10–3　贝壳平台驱动服务者效率提升机制

三、场景驱动数据要素价值释放，持续提升 B 端效率和 C 端体验

新居住时代是服务者和数字化价值全面崛起的时代，不仅能放大 C 端品质需求和 B 端服务价值，也能提升聚合消费者、经纪人的互联网平台价值。凭借深厚的数据资源和实践经验积累，依托楼盘字典和

ACN 机制创新打造的数字化动态核心能力，贝壳在标准化和智能化的基础上，构建数据智能化全景，赋能平台和服务者，缩小服务方差，持续改善行业痛点，推动行业正循环发展。2019 年 5 月的第二届数字中国建设峰会上，贝壳高级副总裁（CTO）闫觅表示，贝壳已逐步实现物、人、流程的标准化与数字化，并通过多样化系统为各项作业流程定义新标准，不断推动行业向体验更好、效率更高的方向前进。

1. 贝壳估价

贝壳估价[①]产品提取上百种房屋特征、单元特征、物业或开发商特征等算法参数，融合神经网络[②]、GBDT[③]、Hedonic[④]、随机森林[⑤]等多种算法，对海量房源真实成交数据进行建模，并将估价算法模型由成交折算升级为基值比较，从而实现对房屋市场价值进行预估，在提升准确率的同时减小误差。贝壳还将数字估价系统与实时房源循环验真系统结合，让价格回归价值，为客户提供更精准、更真实的估价服务。估价系统不仅能从技术上保障"不吃差价"承诺，还能引导买卖双方回归理性，避免二手房市场过热。贝壳估价还设想将为银行、评估公

---

① 贝壳估价：日均 50 万次使用，准确率比肩 Zillow，中国新闻网，2018-09-17[2023-10-20]，https://baijiahao.baidu.com/s?id=1611825398450657734&wfr=spider&for=pc。

② 神经网络（NNs），全称人工神经网络（artificial neural networks, ANNs），是一种模仿动物神经网络行为特征，进行分布式并行信息处理的算法数学模型，依靠系统的复杂程度，通过调整内部大量节点间的相互连接关系，达到处理信息的目的。神经网络是深度学习的基础，其中最著名的算法是 1980 年的 backpropagation（BP）。

③ GBDT（gradient boosting decision tree）又称 MART（multiple additive regression tree），是一种迭代的决策树算法，由多棵决策树组成，以所有树的结论累加作为最终答案。

④ HEDONIC 模型法，又称价格法和效用估价法，认为房地产由众多不同的特征组成，而房地产价格是由所有特征带给人们的效用决定的。

⑤ 随机森林是利用多棵树对样本进行训练并预测的一种分类器，其输出类别由个别树输出类别的众数而定。

司和政府等提供更有价值的参考依据，成为全新的行业基础。

2. 贝壳心选

优质房源一直是二手房市场上炙手可热的资源。在前智能化时代，经纪人仅凭经验为客户推荐房源，很容易考虑不周或受主观意愿影响。基于海量数据和数字核心能力，贝壳推出“房源管理漏斗”（图10–4），将“楼盘字典”从数字新基建升级为大数据智能选房工具。这一机制首先对库存房源进行大数据打分和分级管理，逐级推进房源质量加工与维护，保障优质房源供应量，进而应用AI和大数据，根据浏览记录分析客户需求并匹配优质房源，再由经纪人帮助用户筛选。经实践，人工和大数据选房的优质率分别为22.8%和30.3%，两者合并后优质率升至40.8%。这说明二者选房结果重叠度较低，大数据能超越人工的局限。漏斗分级机制帮助平台在B端和C端对“好房”引流，促进带看并提高成交率，进而提升房源的周转率和贝壳品牌的市场占有率，塑造公开透明的平台生态。

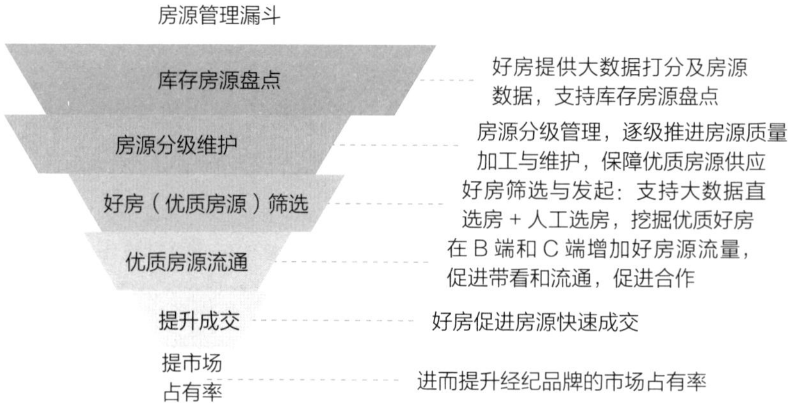

房源管理漏斗
库存房源盘点
好房提供大数据打分及房源数据，支持库存房源盘点
房源分级维护
房源分级管理，逐级推进房源质量加工与维护，保障优质房源供应
好房（优质房源）筛选
好房筛选与发起：支持大数据直选房 + 人工选房，挖掘优质好房
优质房源流通
在B端和C端增加好房源流量，促进带看和流通，促进合作
提升成交
好房促进房源快速成交
提市场占有率
进而提升经纪品牌的市场占有率

图10–4　房源管理漏斗

3. 打造安心交易流程

如果从签约到房产过户是 100 千米，交易环节则覆盖 99 千米。为了构建透明高效的交易流程，让用户安心放心，贝壳于 2018 年开始打造交易平台，并做出环节时效和办理枉跑类服务承诺，全面提升房产交易的安全便捷度和服务品质，进一步增强了消费者与中介间的信任。贝壳交易将保障消费者的资金安全视为底线与主要职责：一方面与多家银行达成系统直连，以技术驱动整套房产交易体系和各业务环节数据化、线上化、可视化；另一方面用交易作业系统打通线下场景和线上系统，通过采集、加工和汇总交易环节终端数据，形成数据化能力。针对交易风险，贝壳交易联合贝壳法务中心发布“交易风险地图”，以真实案例详尽展现贯穿 17 个风险环节的 81 个风险点，形成房产领域独家在线风险解决方案。

四、从开放平台到共生生态：新挑战和新机遇

通过自我颠覆特色的整合式创新，贝壳找房有效解决了居住服务产业数字化转型面临的服务标准化程度低与零和博弈的两大核心痛点，成了中国居住服务行业合作共赢模式的先行者，也正在定义和引领新居住服务行业。贝壳找房以产业互联网平台为载体，以多元化的新居住服务场景为牵引，实现全产业链的数字化、物联化和智能化，加速行业升级、效率提升和服务体验，构建全新居住服务生态。

贝壳的场景驱动数据要素与数字技术协同整合创新所建构的外部可信的产业竞合网络，在不断完善新居住服务基础设施、推动经纪人职业化和消费者满意度提升的同时，也正进一步推动行业品质循环，加快从开放到共创、从共创到共治的产业演化升级，并从数字化平台向更高层次的共生共赢的数字化新居住服务产业生态加速迈进（图 10–5）。

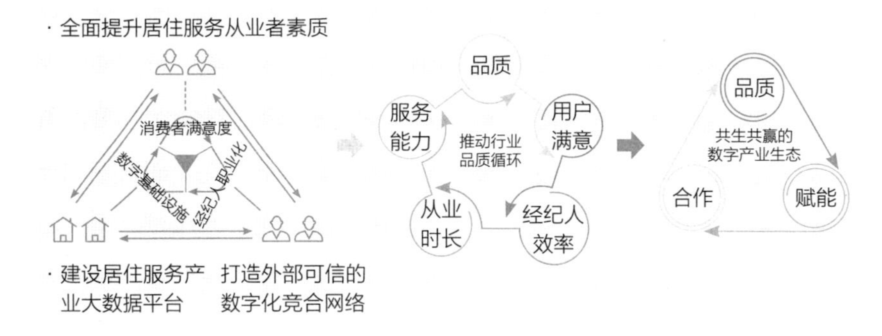

图 10-5　从数字化开放平台到共生共赢的数字产业生态演化模式

展望未来，贝壳找房所引领的居住服务行业的数字化转型过程的平台共治、智能化产业生态建构、可持续整合性价值创造，都是正在发生的挑战和机遇。

（一）从开放共创到平台共治

数字化平台是企业发展的全新阶段与范式，而数字化平台的良性治理则是正在被社会广泛关注的现实挑战。

左晖认为，仅仅解决公司内部经纪人效率问题还不足以扭转岌岌可危的行业风气，只有打破行业内的信息孤岛才能形成更大的合力。贝壳要将解决经纪人之间的矛盾升维为促进经纪人之间的合作，打破不同经纪品牌之间的界限，建立全行业合作网络。在旧业务模式中，经纪人 A 和 B 都知道向对方搜寻信息能增加信息配对成果的概率，但都不了解彼此的信用。走出囚徒困境[①]需要 A、B 双方同时公开所掌握

① 由于房产交易环节的复杂性，以及服务方差和理念差异，不同品牌、门店经纪人在合作过程中，可能会出现纰漏或恶意竞争现象，从而导致利益分配的不公平。例如，一套房屋由经纪人 A（甲品牌）首次带看，最后却由房屋维护人经纪人 B（乙品牌）以更低的费率成交，经纪人 A 并未分到佣金。每位经纪人都想通过锁定房源、私有资源、引导客户成交而实现利益最大化，但都无一例外成为最倒霉的受损者。

的房源与客源信息，共同开发交易池里的潜在客户。此举不但能提高客户的满意率，也有利于缩短成交周期。然而，这种从未有过先例的合作模式也会让双方经纪人对成交能力、利益分配等方面产生忧虑。

为了打破中国房地产市场的低效率运行现状，左晖果断做了“第一个吃螃蟹的人”，在链家内部全面推行 ACN 机制中的竞合模式。一段时间后，开始有经纪人为客户推荐并非自己开发但满足客户要求的房源，合作就此开启。此外，ACN 机制还为初入体系，缺乏经验、房源和客源的新人开辟了另一条上升途径。他们可以通过扮演房源实勘人、委托备件人等职能类角色熟悉社区，积累经验，等待自己的第一位业主或顾客。贝壳的彭永东曾说：“我们有一个愿望，希望我们的价值观是面向全行业的、面向全社会的。我们的价值实践，在于让行业变得更好，在于培养和服务大批优秀的从业者、服务者，在于让全行业的用户都获得更好的服务体验。”

然而，这套合作模式虽已在链家内部跑通，但想在全行业建立竞合网络绝非易事。其他经纪品牌还需要综合考量历史、规模、实力等方面，而后决定是否要在贝壳体系内与其他竞争对手合作。贝壳的外部竞合网络也将是一项“无产出期”的工程。建立开放式创新平台的第一步是率先垂范，贝壳要拿出对行业真正有价值的东西，才能吸引其他中介品牌入局并遵守贝壳规则。“楼盘字典”是贝壳最吸引同行的资源，也是链家独特的竞争优势。面对公司高层的质疑与反对，左晖笃定开放“楼盘字典”带来的收益远比内部使用要高。更多品牌的入驻可以成倍丰富“楼盘字典”的房源数量，同时在 ACN 交易机制下，更大基数的经纪人将提升协同效率。开放“楼盘字典”充分展示出链家引领构建开放式合作平台的诚意，打消了其他品牌的顾虑。目前平台入驻品牌数已从最初的寥寥无几增加到 270 余个，除我爱我家和安居客两个竞争对手外，全国大部分线下垂直中介品牌已成为连接开放、合作共赢的伙伴。

对贝壳而言，平台治理的首要问题就是经纪人之间的纠纷问题。贝壳模式已经在除链家之外的中介品牌之间已经运行了两年，但是隶属于不同公司的经纪人在合作的时候仍然会面临纠纷。例如，夫妻双方针对同一套房源分别约不同经纪人带看，无论由哪位经纪人签约，都会引起另一方的不满。这类问题在 ACN 实践过程中层出不穷，“贝壳陪审团”应运而生——由经验丰富的经纪人代表模仿法院审理流程对各种纠纷做出判断。在此基础上，贝壳找房又明确出台《商机保护规则》等判别规则来保障品牌和经纪人的利益。未来，未来贝壳找房在提供高质量数字化服务的同时，也需要进一步加快探索和输出产业数字化平台治理模式和共创共治标准，真正实现对新居住服务行业的全方位引领。

得益于外部竞合网络持续建构的行业信任，贝壳实现了质的飞跃——2020 年 GTV 突破 3.5 万亿元，同比增长 64.5%；2021 年上半年 GTV 达 2.29 万亿元，同比增长 72.3%；截至 2020 年底，全国已进驻平台的城市超 100 个，覆盖 2.4 亿套住房，连接 4.69 万家经纪门店，拥有 49.3 万名经纪人，高学历经纪人占比超 30%。外部竞合网络还带来了资源的成倍增长和合作效率的大幅提升——2020 年总成交额中，合作伙伴和关联方经纪人等“第三方”占比 60.54%，二手跨店合作率稳定提升至 75%，年末非链家门店贡献在售二手房房源量超过 81%。无论从经济角度还是社会影响角度，贝壳模式都取得了阶段性的重大成功①。

目前贝壳找房平台连接超过 270 个新经纪品牌。在可预见的未来，随着贝壳规模的扩大，平台必然比经纪人拥有更多的话语权。经纪人和门店是业务的主体，如果缺乏上通下达的有效沟通渠道，抑或平台

① Eastland：撬开贝壳“藏着”的秘密，虎嗅 App，2021-03-22[2021-10-20]，https://baijiahao.baidu.com/s?id=1694890393152278515&wfr= spider&for=pc。

不愿将流量红利分享给经纪人，经纪人则有可能成为下一个只能顺从平台的“滴滴司机”群体。对此，唯有不断开展数字化服务机制创新，才能保障平台多元主体的可持续共创。

此外，从链家到贝壳，他们始终专注为用户提供高品质的居住服务。随着一、二线城市的潜在客户逐渐达到饱和，三线及以下城镇的下沉市场逐渐成为众多数字化平台企业的蓝海。目前来看，对于下沉市场占绝大多数的价格敏感型消费者而言，贝壳提供的优质高价的服务模式很可能遭遇“水土不服”。在美国，针对价格敏感型用户，已经出现了 Homebay.com、ownerama.com 这样的基于行业大数据而在线撮合房屋买卖双方直接交易的 C2C 平台。他们不依赖经纪人，而是靠算法来匹配交易，因此收费只有传统经纪公司的 1/3 甚至更低。虽然短期内这类模式在中国市场难以发展壮大，但长期来看随着产业数字化的成熟和新居住服务生态的裂变式发展，极有可能涌现出新居住服务领域的新平台。这会给贝壳发展造成什么样的影响？贝壳又该如何应对？

“打江山容易守江山难”，只有持续推进共创共治、可持续可循环的创新治理，贝壳才能永葆活力。

（二）从数字化平台迈向智能化产业生态

解决服务标准化和竞合关系问题并不是贝壳整合式创新的终极目标，从数字化平台迈向智能化产业生态，推动价值链围绕新居住场景的不断延展是他们未来想要实现的。楼盘字典作为一项重要的数字化资产，不但赋予了贝壳找房无限的想象空间，也为建设产业大数据平台、赋能高质量新居住生态提供了重要的创新公地资源。例如贝壳基于其楼盘字典对不动产数据的动态获取和历史数据分析，能够精准评估不动产。目前贝壳已经向 34 家银行和评估机构开放其在线能力评估数据，降低了金融机构发放房屋抵押贷款的风险，提升了融资效率。

此外，贝壳在AI技术的基础上孵化出了旗下智能家装服务平台——被窝家装。被窝家装的AI设计版块基于如视VR近十万套室内设计方案和百万真实三维空间内的家装理解，结合深度学习，能为用户提供包含平面方案设计、硬装软装搭配、三维装修效果在内的自动化完整室内设计服务。未来，在贝壳从平台化向生态化演化的过程中，更多的数字化应用场景和业务有可能会“涌现”出来，这将加速多元居住服务生态的发展。

（三）从竞争优势到可持续整合价值创造

贝壳找房的创始团队一直以“商业向善”的理念指导创业实践，“科技创新驱动新居住行业”和“开放平台赋能生态链”是贝壳一直在做的积极探索。对贝壳而言，一个负责任的企业不仅要打造竞争优势、创造经济价值，更要创造可持续的社会价值和综合价值。

一方面，贝壳需要更加注重平台文化建设，完善经纪人职业化成长体系，推动新居住行业的可持续发展。贝壳经纪学院、花桥学堂等已经构建了完整的知识赋能教育体系，通过全周期培训体系提升服务者专业能力；贝壳研究院通过对行业多年的深耕，提供研究洞察，撬动行业变革；贝壳学院助力经纪人全方位职业化发展。

另一方面，贝壳正在利用平台和资源优势开展社区公益探索，推出了“社区邻里互助计划”“我来教您用手机”等公益项目，推出社区生活小程序，与作为行业基础设施的数十万线下门店相结合，深化面向社区场景的便民居住服务。以“我来教您用手机”为例，截至2020年年底，这一项目已走进全国34个城市的578个社区，累计开展智能手机学习课程超4 000节，服务老年人超过14万人次。

五、尾声与展望

贝壳的护城河源于链家自2001年开始的长达18年的行业积累。对中介行业的深刻理解赋予了贝壳解决居住服务行业核心痛点的能力和展望新居住的想象力。无数的坚持才造就了今日的辉煌。正所谓厚积而薄发，贝壳找房是一个深耕居住服务行业的长期主义者的速胜，更是一个自我颠覆的战略创新者依托数字转型引领新居住的探索故事。

然而，就在贝壳2021年第一季度实现GTV同比增长190%的财报发布后不久，左晖因肺癌意外恶化而于5月20日突然离世的消息传出，企业家、学术界和消费市场一片震惊。中国知名的企业家和投资人纷纷追忆左晖和他“做难而正确的事”的价值观以及其带领团队通过贝壳重塑行业规则、赋能新居所对中国企业发展和产业数字转型的宝贵引领。5月24日，贝壳董事会决定任命彭永东为董事长，同时宣布左晖为公司“永远的荣誉董事长”，以纪念其做出的贡献。

立足当下，面向未来，董事长左晖的因病离世将给贝壳找房带来怎样的内部和外部挑战？数字时代，新兴技术的不断更迭与商业模式的加速创新又会对公司一直以来的坚守与文化传承带来哪些冲击？贝壳开启的新居住将会走向何方？作为新居住行业阶段性引领者的贝壳，将如何在数字化大潮下，深化场景驱动数据要素和数字技术价值释放，加快从平台共创、平台共治迈向平台共生，推动数字化平台迈向更高维的智能化新居住生态？长远来看，新居住服务又将如何创造可持续的整合性价值，赋能社会生活？这不但是留给继任者彭永东所领导的贝壳找房平台的待解命题，更是整个新居住行业乃至更多产业互联网弄潮儿共同面临的问题。

第十一章
深圳数据交易所：场景驱动打造数据交易生态飞轮

数据作为新型生产要素，已经成为推动我国经济高质量发展、构筑全球数字经济竞争优势的基础性和战略性资源。2020 年 4 月，中共中央、国务院公布《关于构建更加完善的要素市场化配置体制机制的意见》，首次从国家层面将数据要素与其他传统生产要素并列，提出要加快培育数据要素市场。习近平总书记在党的二十大报告中进一步强调要“加快发展数字经济，促进数字经济和实体经济深度融合，打造具有国际竞争力的数字产业集群”。2023 年 2 月，中共中央、国务院印发的《数字中国建设整体布局规划》明确提出“到 2035 年，数字化发展水平进入世界前列，数字中国建设取得重大成就”的目标。2023 年 3 月的国务院机构改革方案确定组建国家数据局，建制化统筹推进数字中国、数字经济、数字社会规划和建设。在此背景下，如何构建规范高效的数据交易场所、推动场景数据快速匹配、加快培育数据要素流通和交易服务生态，成为充分发挥我国海量数据规模和丰富应用场景优势、激活数据要素潜能、优化数字中国体系，进而培育中国式现代化建设新动能新优势的核心难题。

当前，数据要素市场化配置以场外点对点或者多方撮合交易为主，存在供需双方难对接、场景数据难匹配、交易合法性难确定、生态机制不健全等突出瓶颈。而数据交易场所作为由政府正式批准设立、开展数据要素市化配置的新型制度性载体，以其公共属性和公益属性定位打造数据交易的制度媒介，在数据交易市场中发挥着至关重要的制度桥接作用。

2015 年 4 月 14 日，贵阳大数据交易所正式挂牌成立，成为我国第一个地方政府批复成立的数据交易所，之后各省市相继成立数据交易所或交易中心。截至 2022 年年底，全国范围内由地方政府发起、主导或批复成立的数据交易所已有 30 余家。

理论上，数据交易所通过提供贯穿数据要素“收—存—治—易—用—管”全生命周期的数据交易服务和价值管理，能够有效围绕场景开展数据供给与需求匹配，并为数据交易提供合法性保障，已经成为国家、地区和行业推进场景数据匹配机制（context-data-match, CDM）探索和生态建设实践的新质主体。然而，现有数据交易所在推进数据要素市场化配置过程中普遍面临着供给侧数据难引进、需求侧场景难激活、合规侧成本难平衡、生态侧主体难管理的痛点问题。

2022 年 12 月，我国颁布的首个专门针对数据要素的基础文件数据二十条，科学搭建了我国数据基础制度的“四梁八柱”，并鼓励围绕智能制造、节能降碳、绿色建造、新能源、智慧城市等重点领域和典型场景推进数据开放、共享、交换、交易。数据二十条中正式提出要“统筹构建规范高效的数据交易场所，引导多种类型的数据交易场所共同发展，培育数据要素流通和交易服务生态”，对加快探索数据交易所的商业模式创新，构建促进使用和流通、场内场外相结合的交易制度体系提出了新任务新要求。

深圳数据交易所是现有数据交易所中成立时间较晚但发展速度快的典型代表。截至 2023 年 2 月 28 日，深数所数据交易成交规模已突破 16 亿元人民币，交易场景超过 75 个，市场参与主体 660 余家，覆盖省区市 20 余个，完成场内首笔跨境交易，入选深圳发展改革十大亮点，成为全国数据交易所中交易规模最大、数据市场化生态参与主体最多、开发应用场景数量最多的数据交易所。

CDM 机制是将场景驱动的创新范式融入数据要素“收—存—治—易—用—管”的全要素生命周期价值管理、突破线性模式、推动场景与数据有效融合、构建场景驱动的数据要素生态飞轮。深数所在推进数据交易所建设过程中，抓住了场景与数据匹配的内核，通过生态主体汇聚和生态服务链接，以场景驱动问题解决并开展数据要素全生命周期价值管理，强化了场景嵌入与交易撮合能力，以数据融通“公共—产业—企业—用户”多维场景，探索形成了生态主体、生态服务、生态能力三位一体的场景—数据匹配机制（图 11-1）。借助 CDM 机制探索，深数所连通了数据要素市场，以场景驱动数据要素市场化配置，初步构建了高效运转、持续运行、不断进化的数据要素生态飞轮。这一探索也为进一步破解数据交易所普遍面临的发展瓶颈，激活数据要素价值，做强做优做大我国数据要素市场、加快建设数字中国提供了有益示范。

一、抓内核：场景化需求与多元数据精准匹配的“蝴蝶模型”

深数所的前身是深圳数据交易有限公司，其由深圳市政府与国家信息中心统筹指导，深圳市发展改革委作为责任单位牵头成立，被定位为公益性的国有全资企业。自 2021 年 12 月落户福田后，深圳数据交易有限公司便积极探索数据交易的供需匹配、技术路径和合规标准，并积极响应广东省政府“支持深圳市设立数据交易市场或依托现有交易场所开展数据交易”的政策号召，筹备设立和运营深圳数据交易所。2022 年 11 月 15 日，由广东省人民政府指导、深圳市人民政府主办的深数所揭牌仪式暨数据交易成果发布仪式在深圳顺利举办，深数所正式揭牌成立，成为加快落实中央《深圳建设中国特色社会主义先行示范区综

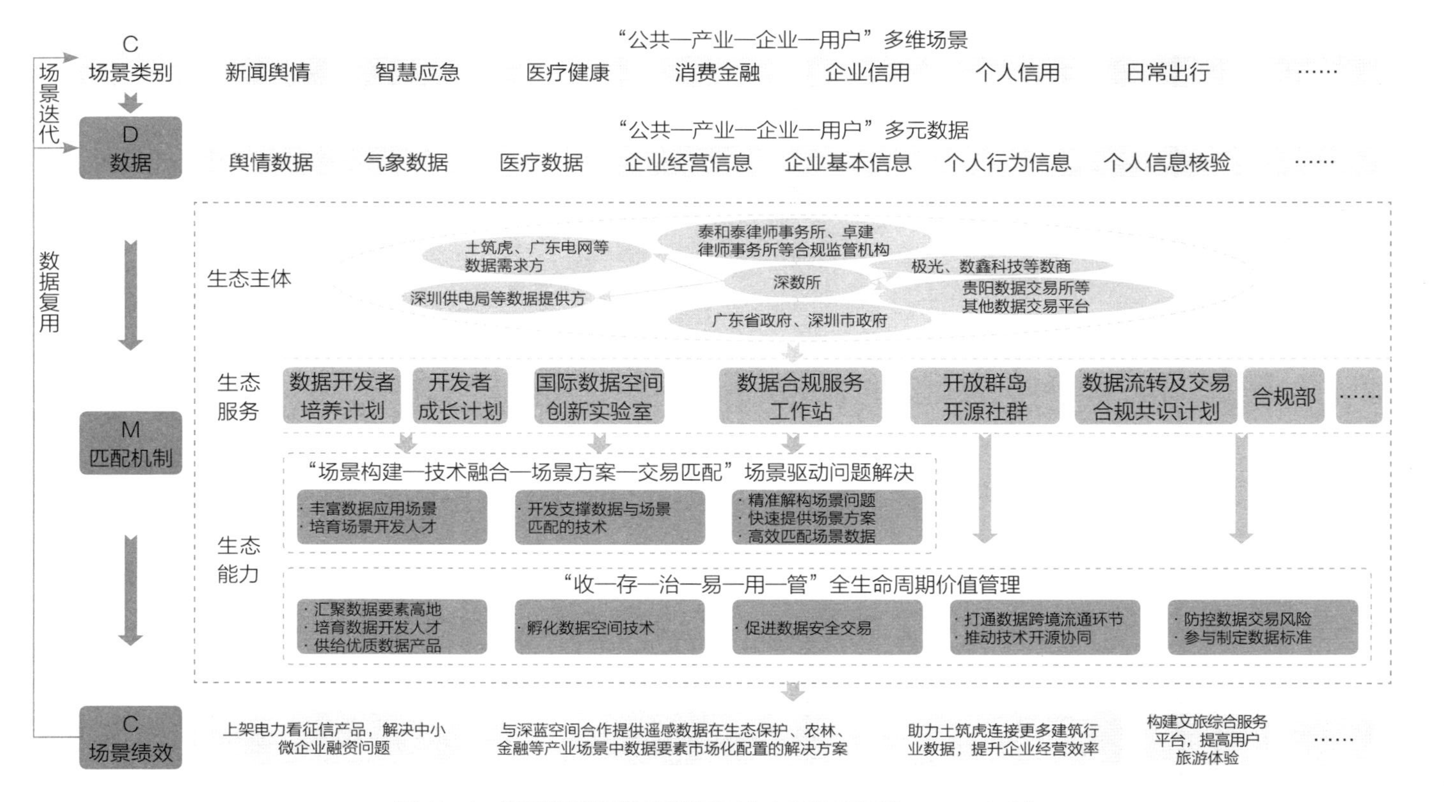

图 11-1　场景驱动深数所数据要素市场化配置的 CDM 机制

合改革试点实施方案（2020—2025 年）》文件精神、深化数据要素市场化配置改革任务、打造全球数字先锋城市的重要实践，承载着中央及广东省政府等多部门布局数据交易网络、深化数字经济发展的殷切期望。

自揭牌起，深数所以建设国家级数据交易所为目标，深刻意识到数据只有依托于场景才能最大化数据交易所的社会价值，应加快培育壮大数据流通和交易服务生态。因此，深数所突破传统数据交易所仅仅发挥交易撮合职能这一局限，牢牢把握场景驱动数据要素市场化配置的顶层逻辑和 CDM 机制的内核，抓住场景驱动创新这一数字经济时代的重要创新范式跃迁机遇，以赋能数字产业化和产业数字化为使命牵引，将场景化需求与多元数据精准匹配作为提供数据交易服务的关键，以场景嵌入牵引数据市场化交易和价值释放的全过程，形成了场景数据匹配赋能数字经济高质量发展的“蝴蝶模型”（图 11–2）。

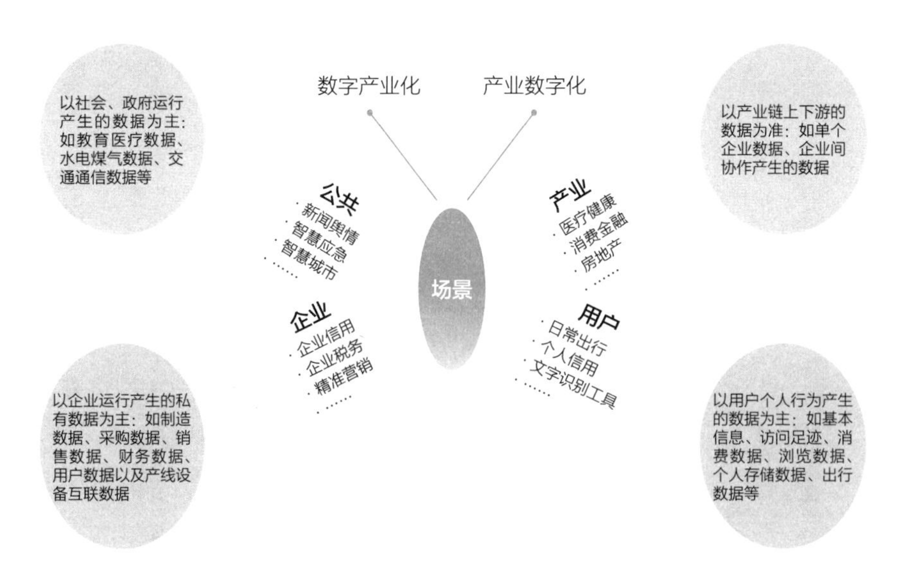

图 11–2　深数所场景数据匹配赋能数字经济的“蝴蝶模型”

基于这一顶层设计，截至 2023 年 2 月 28 日，深数所面向公共、产业、企业、用户四个维度构建新闻舆情、医疗健康、企业信用、日常出行等 75 类应用场景。针对不同的场景中的复杂综合需求，深数所精准识别问题痛点，从而更好地在海量数据与产品中寻找解决方案，与数商合作数字技术和数据产品的创新应用，最终为解决特定场景下的复杂综合性需求问题提供场景化、数字化的解决方案。

为更好地匹配场景与数据，发挥数据交易所场景嵌入与交易撮合的两项重要职能，深数所首创场景驱动的数据供需匹配图谱（图 11–3），将数据、产品、行业和场景有效关联，提出了“场景—行业—产品”的解决路径。依据供需匹配图谱，深数所将不同类别的数据资源形成不同的产品形态，找到该数据产品适用的行业和具体场景。一类数据可以匹配多类应用场景，而在一类应用场景中也可以应用多类数据产品和数据资源，充分激活数据跨场景应用的价值、推动场景需求的高效满足。供需匹配图谱将供需关系和场景方案可视化，为深数所发挥场景嵌入与交易撮合功能提供了有力支撑。2023 年 11 月，深数所在数据供需匹配图谱基础上，进一步引入人工智能等数字化技术，在数据行业内率先打造和上线了场景驱动的数据资源供需智能匹配系统（图 11–4）。深数所通过场景驱动数据要素市场化配置持续推进数字产业化，进而通过数字产业化加速产业数字化，最终达到“两化”协同发展，从而推进中国数据交易市场乃至数字中国的整体建设。

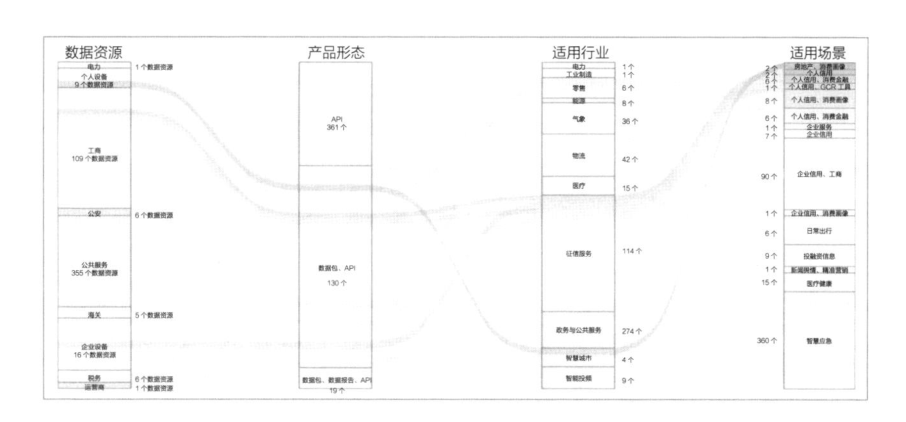

图 11–3　深数所首创的场景驱动数据供需匹配图谱

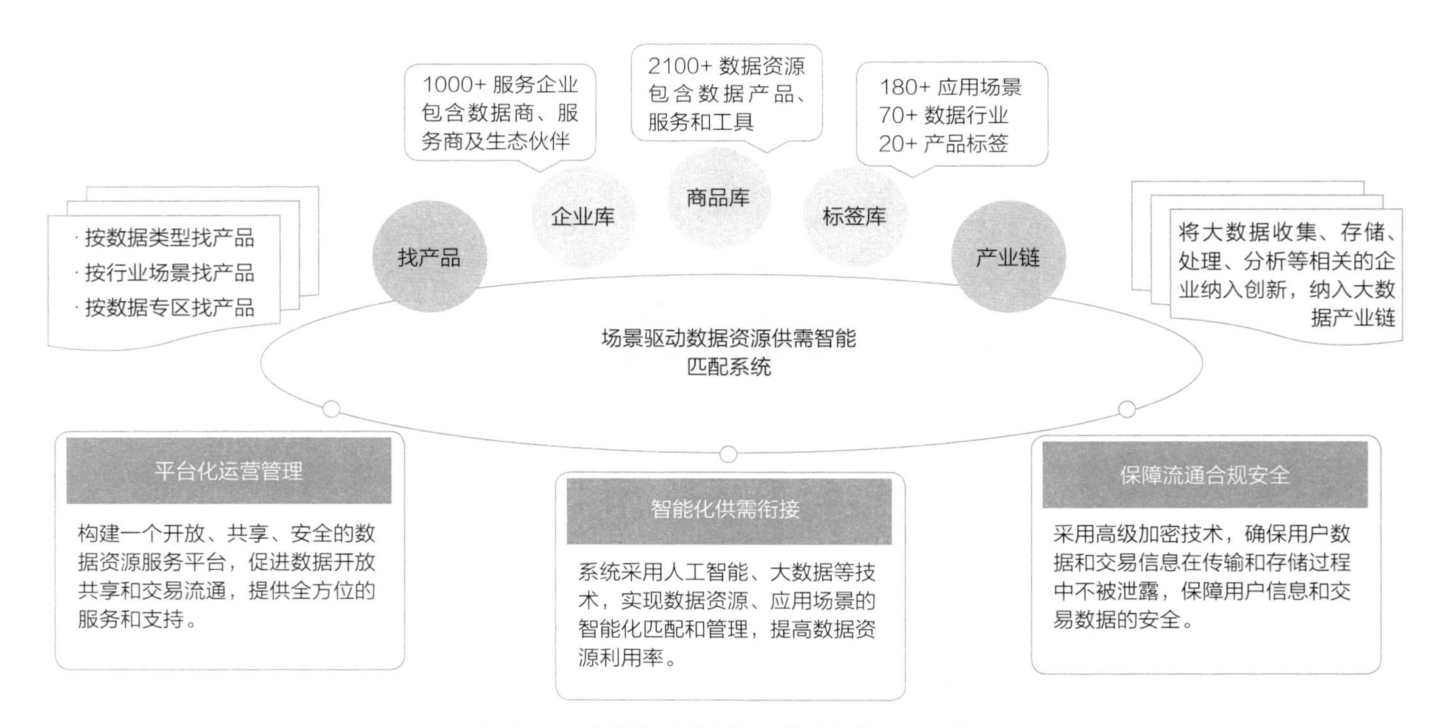

图 11-4 场景驱动数据资源供需智能匹配系统

二、强能力：从生态汇聚到能力形成

精准识别特定场景下的复杂综合性需求和瓶颈问题、充分释放数据要素价值是加快数据要素市场化配置效率的核心抓手。如何从机制上把握数据要素与场景需求匹配融合，将场景嵌入数据要素全生命周期价值管理？对此，深数所构建了从生态汇聚到能力形成的多层机制，在实践中发挥 CDM 机制的杠杆效应，成为数据交易所充分发挥数据交易的制度媒介作用的典范，构建了以数据交易所为核心，政府、数据供需双方、数商、合规监管机构和其他数交所等多元数据要素生态主体共同构成的多层级、多领域、多元化的数据要素生态体系（图 11–5）。深数所通过一系列生态服务，使得这张数据要素生态网越编越大、越编越紧、越编越牢，推动形成“数据与场景匹配创新数据产品，产品与场景对接激活数据价值”的良性循环。

（一）战略引领组织架构创新，做强数据要素生态

CDM 机制创新的第一步是通过组织架构创新，为做强数据要素市场生态奠定基石。战略决定组织，组织决定能力。内外部组织架构的设计和融通是激活内外部主体参与、加快生态战略落地的关键。深数所在组织架构设计方面，设置了市场部、运营部、技术部、合规部与综合部五个核心部门：市场部主要负责生态管理、商务对接、品牌宣传与政企对接，充分打通数据要素市场的体系建设；运营部主管产品交易规则与上下架，保障数据交易运行；技术部主要构建从供给延伸到需求端的一体化平台建设，将多元技术整合，支撑数据交易平台；合规部主要开展交易前后的合规评估与政策解读。以上这四个部门通过共同对外协同，打通供给侧数据，激活需求侧场景，协同合规侧成本，完善生态侧主体。综合部作为战略、规划、统办、人事、财务的

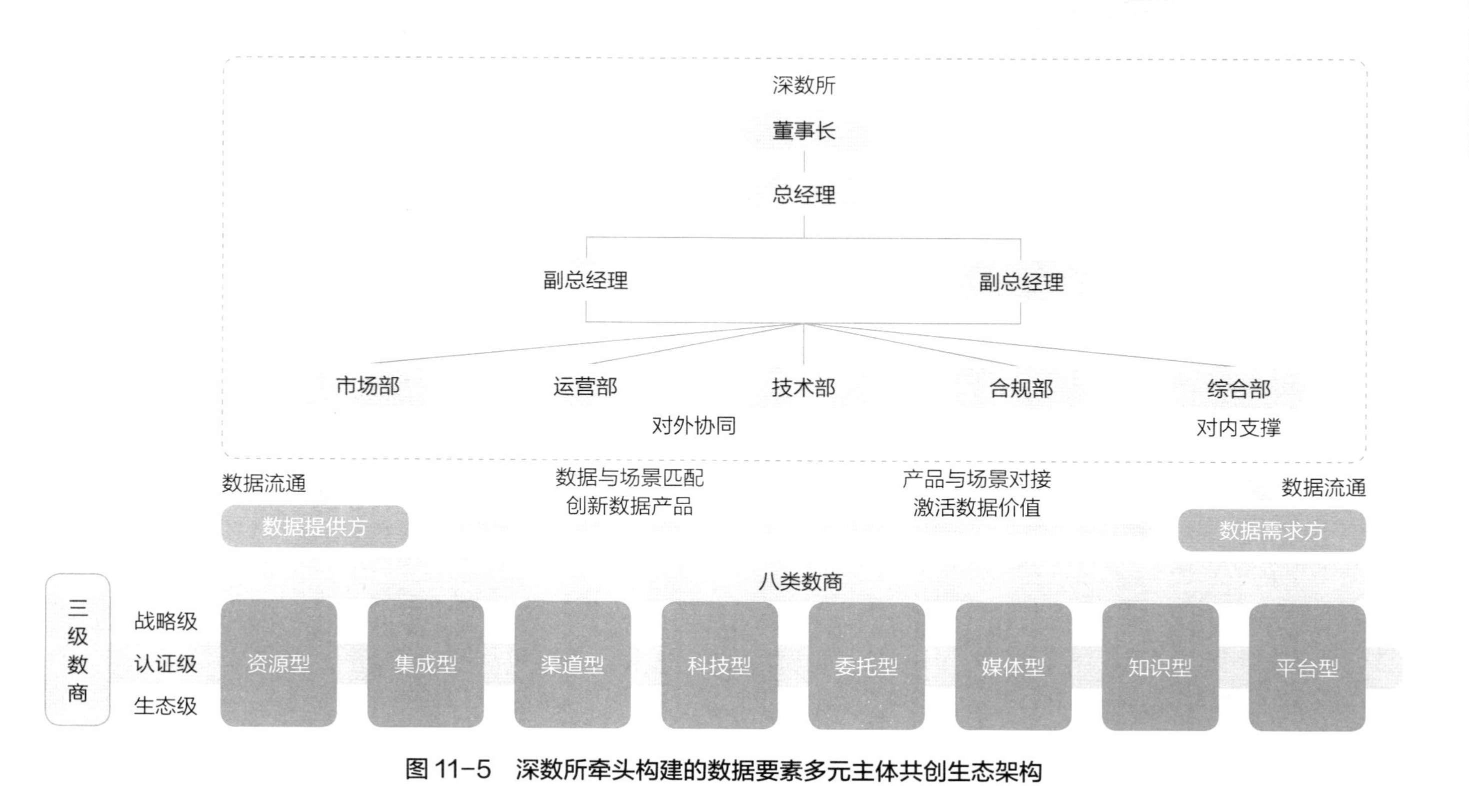

图 11-5 深数所牵头构建的数据要素多元主体共创生态架构

功能主体，聚焦建立完善制度体系，支撑深数所数据交易与生态建设稳定进行。

数据商作为整个数据要素生态的产品提供方和技术保障方，在持续供给高质量数据产品、保障数据交易安全的过程中发挥主要作用。早在2022年3月，深数所在其还是深圳数据交易有限公司时便牵头发起“2022数据要素生态圈”计划，将构建数据要素生态作为企业业务发展的重点任务，联合粤港澳大湾区大数据研究院、北鹏前沿科技法律研究院、深圳市信用促进会共同搭建国内权威数据要素生态，保障数据要素交易流通与价值释放的精准性、高效性与合法性。

为进一步规范数据商主体，优化资源配置、明确数据商职能，深数所结合数据要素市场的发展现状与数据交易产业链的专业化分工，率先建立数据商分级分类体系，探索多元协同、规范高效、责权分明的数据商生态。

在数据商层级上，深数所将数据商分为生态级、认证级、战略级三个等级，不同级别的数据商与深数所的关系不同，合作目标也有差异：生态级数据商通过参与深数所的数据要素生态活动；认证级数据商与深数所通过业务合作共同探索数据价值提升策略；战略级数据商与深数所携手引领数据要素产业发展。针对不同等级的数据商，深数所赋予相应的权益与资源。例如：针对生态级数据商，提供品牌宣传、产品撮合等服务；针对认证级数据商打造专属赛道，完成品牌活动、商业路演、需求对接等商业赋能；针对战略级数据商，成立工作专班，协作撰写标准、对接政企、共同引领行业标准，打造行业数据流通标杆案例。其中，战略级数据商能享受生态级与认证数据商的相应权益，认证级数据商也能享受生态级数据商的相应权益。通过优化数据商分级结构，深数所有力推动数据商业务合作与生态合作的目标感与积极性。

在数据商类别上，深数所根据数据商在产业链中的专业分工将其分为资源型、集成型、渠道型、科技型、委托型、媒体型、知识型和平台型八类，促进数据商在垂直领域深耕发展，为数据交易市场的对接提供了更高效、更精准的模式参考，助力数据商精准匹配数据供需双方，将数据与场景匹配快速创新数据产品，将产品与场景对接高效激活数据价值。通过生态汇聚，深数所引导多方数据要素主体参与数据要素市场建设，提升了产业链协同能力，完善了与数字经济发展相适应的政法体系、公共服务体系、产业体系和技术创新体系。

（二）场景嵌入联动优质主体，做优数据要素生态

CDM 机制的第二步是联合优质的数据要素生态主体，做优数据要素市场生态。生态优的关键在于能力强，以此才能跨越从组织建设到生态激活的鸿沟。为最大效能地激活数据要素生态，深数所采取一系列生态服务联动数据与场景，不断强化深数所的场景嵌入与交易撮合能力：将场景嵌入拆解为场景构建、技术保障、场景解构、场景方案与场景数据匹配，通过战略指引和技术保障，沿着场景构建到问题解决的路径布局生态服务，发挥整个数据要素生态的力量，健全场景驱动数据要素市场化配置的 CDM 机制。通过开发者培养计划配套开发者成长计划，深数所为高校、学生以及企业等广大开发者提供了安全可信的数据产品及场景开发环境，培育助力优质数据产品和高价值场景孵化的稀缺人才，以提高场景开发能力。

场景与数据融合离不开数字技术的支撑，深数所进一步创立国际数据空间创新实验室，通过孵化自主可控、安全可信、可追溯的数据流通技术体系为场景与数据匹配提供技术保障，推动数据、技术与场景融合应用。场景构建和技术保障是数据与场景匹配的必要条件，场景问题解构与场景数据匹配则是 CDM 机制创新的关键过程。深数所积极建立企业数据合规服务工作站。工作站的主要任务为筛选高价值

数据产品上架，提供数据合规及交易服务。以坂田天安云谷站（深圳地铁中的站名）为例，当数据需求方提出数据及数据产品购买需求时，工作站将进一步解构数据需求方的数据应用场景，进一步分析识别场景问题并提出数据与数据产品的解决方案，在此基础上通过深数所为其匹配场景解决方案内合适的数据提供方及数据商，完成“场景—数据”匹配过程，最终使数据有的放矢，协助企业基于业务场景有序、高效开发并利用数据资源，最终有效解决场景问题。

优质的数据要素生态主体能够向数交所共享数据要素市场化配置的全周期管理能力。因此，深数所进一步通过开放群岛开源社群、数据流转及交易合规共识计划、设立合规部等生态服务优化主体功能，强化“收—存—治—易—用—管”数据要素全生命周期管理，并首创动态合规体系构筑数据交易防线，为数据供需双方提供高质量高效率的交易撮合服务。开放群岛与开源社群主要进行隐私计算、大数据、人工智能等前沿技术探索，为技术的开源协同、标准的协同制定、场景的精准落地为提供数字技术保障。合规部与“数据流转及交易合规共识计划”互动，形成动态合规体系的第三、四条交易防线。第一道防线是基于企业诚信合规自证的入库标准，第二道防线是基于第三方律所事务所合规评估的上市准入标准，第三道防线则由合规部进行内部质量把关，以规范数据交易的制度与管理。“数据流转及交易合规共识计划”作为第四道防线，由深数所对外发起成立对有争议的数据交易标的进行把关，包含十三位来自数据流通及法律合规领域前沿的专家组成的专家委员会，助力深数所保障数据交易合规并参与制定数据标准。

（三）权益分配赋能良性发展，做大数据要素生态

CDM 机制的第三步是面向数据要素生态主体，分好数据要素市场化配置的红利，通过设计有效的收益分类激励机制，形成数据要素生

态系统持续良性发展、持续生长壮大的模式。对此，深数所基于数据商分级分类机制与权益分配体系，建立了动态的数商评估机制，激励数据商层级向上动态变化。根据季度和年度的综合数据评估，深数所对数据商的生态等级进行升降级处理，按照等级重新向数据商提供该等级的权益与资源服务。此外，深数所建立了数据交易的积分兑换制。只要完成目标工作，便可以得到积分奖励。虽然这些积分不可变现，但数据商可以将其兑换为精准商机匹配、商品宣传、投融资服务等数据交易服务。深数所帮助数据商以自身优势充分对接资源，完成场景与数据匹配，在获得自身能力增长和价值实现的同时，持续赋能数据要素市场主体共同参与数据要素市场化配置的大生态建设。

从生态主体汇聚到生态服务建设最终到生态能力的形成，深数所围绕场景驱动数据要素市场化配置，超越传统数交所强化场景嵌入与交易撮合的能力，并通过动态合规体系保障交易合法性，促进数据交易高效流转，最终成功打通 CDM 机制，也为其他数据交易所把握 CDM 机制、跨越数据场景匹配的鸿沟提供了示范路径。

三、提成效：破解场景痛点，释放数据价值

CDM 机制作为场景驱动数据要素市场化配置的新机制，对于瞄准公共、产业、企业及用户痛点融通多维场景与多元数据，最终充分释放数据价值具有重要作用。围绕多维场景，深数所在实践中探索数据要素生态主体间的合作模式，最终成功破解场景痛点，突破数据与场景难融合的瓶颈问题，实现有效赋能场景，推动了数据价值释放。

在多方主体的协同努力下，深数所围绕新闻舆情、医疗健康、企业信用、日常出行等 70 余类重要应用场景联合更多跨地区、跨行业、跨平台的数据交易主体，汇聚数据资源 55 大类、数据产品超 600 个，打造数据资源和数据产品的聚集高地，实现数据资源和应用场景精准

匹配。截至 2023 年 2 月 28 日，深数所引入备案数据商 117 家、数据提供方 127 家、数据需求方 419 家，建立 3 个品牌数据专区，推出超 50 种重点领域的数据产品，联动 13 家数字化领域专业机构、89 位数据领域资深专家，触达 1 000 家以上市场主体。

面向公共场景，以深数所上架“电力看征信”为例，其模式主要由政府和公共事业单位结合场景共享数据，政企合作开发数据产品，公开上架数据交易所，快速匹配多元场景促成交易。为扶持中小微企业发展，国家大力发文出台政策，但银行等金融机构如何考察企业信用问题以便更精准高效地为中小微企业提供征信服务一直是一大公共难题。对此，深圳供电局基于场景难题，有效利用政府和企业已形成的海量数据构建了一套包括用电状态、电费缴纳、用电量、违约行为四类电力数据的企业征信指标，打造了首个电力数据产品——“电力看征信”，为多家实体银行和网商银行提供企业贷前授信、贷后监控等服务。2020 年，宁波银行接入“电力看征信”数据产品，极大提升了线上授信产品的触达精准度和服务效率，为本地超千家中小微企业发放了逾 10 亿元的融资规模，为中小微企业的融资提供了有力支撑。2022 年，深圳供电局联合深数所将“电力看征信”公开上架，拓宽至更多场景，率先打造电力数据合规交易新模式，有效缓解中小微企业融资这一公共场景难题。

面向产业场景，以深数所与深蓝空间共同探索卫星遥感数据资产化和数据交易为例，其基本模式是由企业与上下游合作机构深耕产业数据，开发基于场景的数据产品，并与数交所合作，共同拓宽产业数据产品的应用场景，探索产业数据产品在不同应用场景下的合规交易模式。深蓝空间遥感技术有限公司作为遥感行业领先的空间数据和技术解决方案提供商，依托与航天部门的战略合作伙伴关系和自身在航天领域的技术优势，深耕卫星遥感影像信息提取和基于遥感影像的行业数据生产技术领域，挖掘卫星遥感空间数据的价值。截至 2021 年年底，深蓝空间开发了9类卫星遥感产品服务包，每类产品涵盖4个服务资产板块共计316项卫星大数据信息服务模块。作为深数所的重要数商成员，深蓝空间与深数所就卫星遥感数据资产化和数据交易达成实质战略合作，共同探索卫星遥感大数据在生态环保、农林牧、能源、金融、交通、双碳等不同场景的新型合规交易模式和应用解决方案，并将其投入场景试点，推进遥感数据的价值挖掘与激活，进一步推动我国空间数据经济发展，打造具有国际竞争力的空间数据产业集群。

面向企业场景，以“土筑虎”接入深数所为例，其模式为企业依托数据交易所及其主导的数据交易生态，针对企业业务痛点开发利用数据，降低企业数据使用门槛，为企业降本增效。深圳土筑虎网络科技有限公司是一家深耕建筑工程领域的互联网平台，该平台拥有超1 000万的用户，沉淀了大量企业与用户数据，但数据是否可靠、如何开发使用数据推动业务增长是该企业的难题。在接入深数所后，用户在该平台原本可能只匹配1万家企业，现在可以依托深数所匹配符合条件的10万家企业。在与深圳数交所的合作中，“土筑虎”沉淀的海量数据得到合规有序开发，经营效率也由此提升。

面向用户场景，其模式为针对个人用户在数据分析开发的高门槛痛点，由数据交易所上架解决用户痛点的公共数据产品，提高用户衣食住行的效率，促进数据价值在用户层面释放。文旅消费作为满足用户精神文明需要的重要途径，如何在旅途过程中为用户提供一体化游览服务，节约用户的时间、资金与搜索成本是用户层面的一大痛点。对此，深数所上架数据产品航旅商业智能解决方案，以期提升用户旅游体验感。当用户达到旅行目的地后，该产品会基于整体人口向用户定向推荐特色景点，并提供旅游介绍和地点定位，提高用户游览效率。面向当地政策，该产品还会定向推动消费券减免相关费用，提升用户旅行体验感。该产品通过面向用户场景开发数据产品解决用户痛点，推动用户积极参与数据要素的市场化配置，以培育繁荣的数据要素市场主体。

四、共生长：场景驱动的数据要素生态飞轮

目前，数据交易大多是点对点或者多方撮合交易，场内交易机制不清，体系未成。深数所通过场景驱动数据要素市场化配置的 CDM 机制初步尝试打通数据要素市场化体系，并取得卓越成效，使数据要素生态迸发了活力。究其原因，CDM 机制不仅打通了数据要素生态内的价值共创，更通过不断丰富数据与场景，形成了更大范围更高质量的数据要素生态，使得深数所具备了充分利用外部资源整合内部优势保持数据要素生态高效持续稳定的动态能力，初步构建了高效运转、持续运行、不断进化的数据要素生态飞轮。

数据要素生态获得高效持续稳定的关键在于海量的数据、丰富的场景以及专业的场景数据匹配能力。深数所主导形成的数据要素生态在运行中能够不断迭代形成新场景、汇聚形成新数据，通过数据复用高效挖掘数据价值，推动数据要素生态体系建设。

从需求侧来看，数据需求方基于业务痛点有具体的场景问题，但不知道如何运用数据解决。深数所提供专业的场景嵌入功能，以具体场景匹配数据提供方与数据商，为数据需求方提供高度适配的数据资源以及数据产品，有效解决其业务场景痛点，提升数据需求方的价值感。此过程会汇聚形成新的数据，形成新的场景问题，实现需求侧循环。

从供给侧来看，数据供给方和数据商有数据和产品但不知道如何使用，通过深数所主导的数据要素生态其能有效匹配需要该数据和该产品的数据需求方，从而帮助他们解决场景问题。此过程将会生成新的数据，又能进一步开发优质数据产品，继续由深数所帮其匹配优质

的数据需求方，实现供给侧循环。为了充分满足数据需求方复杂综合的场景需求、保障数据要素交易的合规建设，深数所也需要进一步吸引和拉动更多生态主体参与数据要素生态建设，主导建设多层次、多领域、多区域的数据要素生态，引导多元生态主体共同基于新场景和新数据不断挖掘数据价值，实现场景驱动“拉通体系，拉通场景，拉通数据”的数据要素价值共创闭环机制，推动高质量数据精准赋能高价值场景，解决公共、产业、企业、用户等多维场景痛点，保障数据要素生态飞轮持续运转（图 11–6）。

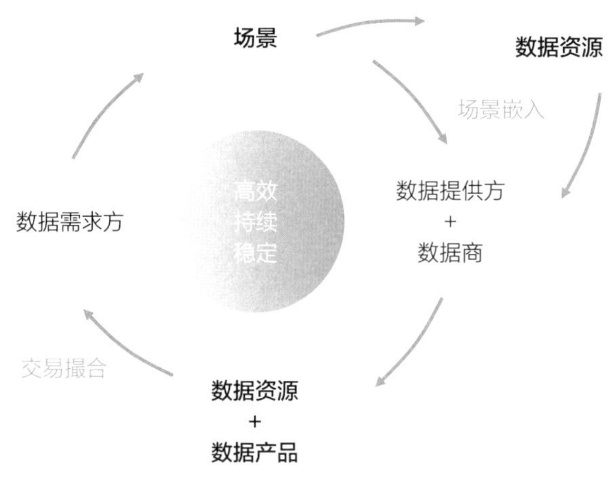

图 11–6　场景驱动的数据要素生态飞轮

五、创未来：加快建设国家数据交易体系，培育现代化新动能

深数所抓住场景驱动的创新范式，应用 CDM 新机制，以数交所为主导，发挥多维应用场景中的复杂综合性需求牵引作用，汇聚多元数据要素市场主体，构建数据要素生态；通过提供场景问题解决服务与数据要素交易服务，发挥数交所场景嵌入与交易撮合的双重功能推

动场景与数据匹配，最终实现数据价值释放与具体场景赋能，形成了主体不断完善、场景不断丰富、数据不断迭代的数据要素生态飞轮，推动数据要素生态主体价值共创与利益共享。

通过 CDM 机制创新，深数所重塑了数据交易所的商业模式，抓住场景驱动的创新范式，突破传统数据交易的线性模式，将场景与数据匹配作为数据要素市场化配置的关键过程，进而以系列生态服务打通场景嵌入数据要素“收—存—治—易—用—管”的过程，使得数据要素精准、高效、合法地赋能具体场景。深数所的实践探索，不但为其他数据交易所进一步探索和发展 CDM 机制提供借鉴，更为我国应用场景驱动的创新范式，加强国家级数据交易场所体系设计，加快建设规范高效的数据交易场所，构建适应数据特征、符合数字经济发展规律、保障国家数据安全、彰显创新引领的数据基础制度提供了有益探索。

未来，国家和各地政府、行业主管部门需要更加重视场景驱动的创新范式，引导多种类型的数据交易场所基于 CDM 机制实现差异化、体系化发展，提升场景与数据融通匹配能力。数据交易场所商业模式的持续创新和能力培育，也将打造数字经济时代的新型公益性、公共性基础设施，实现“公共—产业—企业—用户”多维场景赋能与多元数据价值释放，进而加快推进数字产业化与产业数字化协同发展，为发挥我国超大规模市场、海量数据和丰富应用场景优势，激发数据要素潜能，做强做优做大数字经济提供强大牵引，进而为中国式现代化新征程培育经济发展新动能、构筑国家发展新优势。

第十二章 数鑫科技：场景驱动工业数据要素市场化配置

当前，新一轮科技革命和产业变革方兴未艾，随着数据要素价值加速释放，数字经济正在重塑工业制造格局。在制造强国的战略牵引下，激活工业数据要素价值、完善工业数据要素市场化配置成为推动制造业转型升级、加快发展现代产业体系的关键环节。工业数据是工业领域产品和服务全生命周期数据的总称，包括工业企业在研发设计、生产制造、经营管理、运维服务等环节中生成和使用的数据，以及工业互联网平台中的数据等，涉及数据体量之大、场景之多、时空之广前所未有，且具有多源性、异构性、实时性、高频性、保密性和隐私性等突出特征。在国内推动新一代信息技术与制造业融合发展，以及工业互联网发展的战略部署下，制造企业在各个环节，如产品设计、工艺流程、采供销、生产和物流等方面的数字化水平不断提高，海量的数据随之产生。工业企业面临着内部数据流通安全问题，并且产业链上下游数据的流通控制也给企业带来了巨大的挑战。因此，工业数据的安全、合规和可信流通逐渐成为人们关注的焦点。

工业数据空间是工业数据要素市场化配置的关键基础设施，旨在解决数据共享和交换的技术难题，提供安全可信的数据传输和存储环境，促进数据的跨界共享和集成，为数据落地场景、实现商业化价值提供保障。我国《“十四五”大数据产业发展规划》中明确提出“率先在工业领域建设安全可信的数据空间”，以工业数据空间建设提高技术互操作性、降低工业数据的使用成本，提高工业数据在不同利益相关方之间交换共享。同时，工信部于 2020 年印发了《关于工业大数据发展的指导意见》，提出了建设工业数据空间的重点任务；2021 年印发了《工业互联网创新发展三年行动计划（2021—2023 年）》，再次提出探索建立工业数据空间，推动数据开放共享。此外，据 2022 年工业互联网联盟对消费电子、制造、能源、物流、工业服务、工业信息技术等行业相关企业的调研，96% 的工业企业存在数据流通场景，其中有 80% 的企业表示数据包、数据 API、数据沙箱、隐私计算等现有数据流通技术不能完全解决自身问题，因此迫切需要构建高效易用、安全可控、可溯可审计的可信数据空间体系，亟须打开工业数据要素市场化配置的过程黑箱，探索这一高价值数据赋能产业生态、企业生长的无限可能。并且，在工业领域的产业数字化转型过程中，存在大量跨企业数据共享流通不畅的问题，影响产业链业务协同效率，亟待开发跨企业数据共享流通问题的新型技术方案。

德国在全球率先发起工业数据空间建设，并在架构搭建、机制设计、行业生态等方面形成领先优势，我国工业数据空间具体解决方案当前呈现点状探索状态，主要由华为、阿里等行业龙头企业牵头，联合产业链上下游企业、平台企业、相关服务企业共同探索，但都未打出工业数据空间商业化的第一单。而成立于 2021 年的深圳数鑫科技有限公司（以下简称“数鑫科技”），以支撑场景为使命，联合深圳数据交易所、中国信息通信研究院（以下简称“信通院”）与四川长虹电子控股集团有限公司（以下简称“长虹控股”）创新打造的信数据空间底座，实现了国内首笔智能制造数据空间的应用落地。

一、场景驱动工业数据要素市场化配置的理论基础

CDM（Context-Data-Match）作为场景驱动数据要素市场化配置的典型机制，其核心思想是聚焦于公共、产业、企业和用户等多元场景，整合多样化的数据，将场景贯穿于数据要素价值化全生命周期，最终实现数据的价值释放。CDM 机制通过准确识别场景需求、设计场景任务、匹配数据与场景，最终实现数据价值的最大化，为实际工业场景提供支持。作为一种以场景为导向的数据要素市场化配置机制，CDM 机制对瞄准工业场景重大问题、提高工业数据要素市场化配置效率，以及加快制造业数字化、智能化转型具有重要作用。

（一）场景需求识别

通过对生产、制造、供应链、质量控制、消费等多元工业场景的深入分析，精确识别每个工业场景所需的具体数据要素。如在生产环节，需要监测生产过程中各个指标的数据，包括产量、质量、设备状态等；在供应链环节，需要追踪物料来源、运输和仓储信息等数据；在质量控制环节，需要采集产品质量检测等数据。

在以场景为驱动的顶层逻辑下，工业数据要素的市场化配置不仅能够关注工业领域的整体需求，还能够细致关注到每个环节的数据要素，从而确保工业数据与各场景的实际需求相匹配，有效避免数据资源的浪费。同时，场景驱动的工业数据要素市场化配置还可以提高数据应用的针对性和效率，使数据能够更好地为工业领域的不同场景提供支持。

（二）场景任务设计

在工业数据要素市场化配置过程中，需要根据不同工业场景的

需求，进行合理的场景任务设计。这意味着必须根据生产、制造、供应链、质量控制、消费等多个细分工业场景的特点，制定具体的工业数据配置任务，以确保工业数据要素能够在各个环节中实现精准配置。通过定制化的场景任务设计，可以为制造企业提供量身定制的数据支持，促进不同工业场景的优化，从而推动整个工业体系的持续发展。

（三）场景、技术与数据匹配

在工业数据要素市场化配置过程中，需要充分考虑场景、技术和数据之间的匹配关系。一方面，需要研发与不同工业场景高度匹配的技术；另一方面，需要开发能够为各场景带来高效应用价值的数据产品。通过场景、技术与数据的匹配，可以打破工业数据要素市场化配置中场景与技术、场景与数据之间难以融合的瓶颈问题，确保数据能够在各个工业场景下得到有效应用，推动工业场景的数字化转型与持续优化。

（四）场景价值释放

通过场景驱动创新，实现工业数据在不同场景下的协同利用，从而进一步提升数据的整体应用价值。工业数据在针对性支持生产、制造、供应链、质量控制、消费等多个细分场景中大有作为，还能够在整个工业体系中发挥更全面的价值，从而提高工业体系的效率、质量和创新水平，为工业领域的可持续发展提供更加有力的支持。

CDM 机制促使政府、制造业企业、工业园区等工业数据要素的参与者发挥供需匹配作用，针对实际工业场景需求，巧妙设计数据产品，最终充分释放数据的经济价值与社会价值，并反向生成新数据、涌现新场景、反哺新技术，为我国工业领域的可持续增长创造有力支撑。

二、场景驱动首单工业数据完成场内交易

数鑫科技是一家数据流通解决方案提供商，拥有数十项知识产权，是国际数据空间联盟（IDSA）、GAIA-X 国际联盟全球认证会员、中国信息通信研究院可信数据空间生态链计划首批成员，并且与深数所、华为云联合成立了国内首个国际数据空间创新实验室。2023 年 3 月 17 日，通过可信数据空间技术应用，数鑫科技、长虹控股与深数所签署合作协议，共同推动可信数据空间技术的商业化落地，数鑫科技在借鉴国际数据空间（International Data Space, IDS）的基础上，以消费电子场景的真实需求为引导，构建了可信数据空间（Trusted Data Matrix, TDM）架构，融合区块链、物联网和零信任技术，发布了国内首个领域数据空间商业化产品——DDS（Domain Data Space），并且是国内第一款基于数据主权控制下，数据跨域、分发、使用、连接的数据空间商业化产品。通过 DDS 实现可信、可控、可追溯、高效低成本、普适性强的数据流通需求，进一步促进实现跨域数据价值最大化，实现数据不出域与出域结合，全场景的数据流通及运营。依据实际业务需求，致力于开发与数据安全相关的技术创新产品和解决方案，探索跨域数据共享的典型场景。在合作过程中，各方基于试点场景的真实数据进行闭环验证，逐步构建其真正能支撑场内规模交易的可信数据流通技术体系（图 12–1）。

（一）场景需求识别

针对消费电子场景，数鑫科技与信通院协同深数所进行了应用场景梳理以及市场需求调研，发现在国内现有消费电子行业中存在以下问题：一是数据协同策略统一难。由于缺乏标准化的数据格式、接口

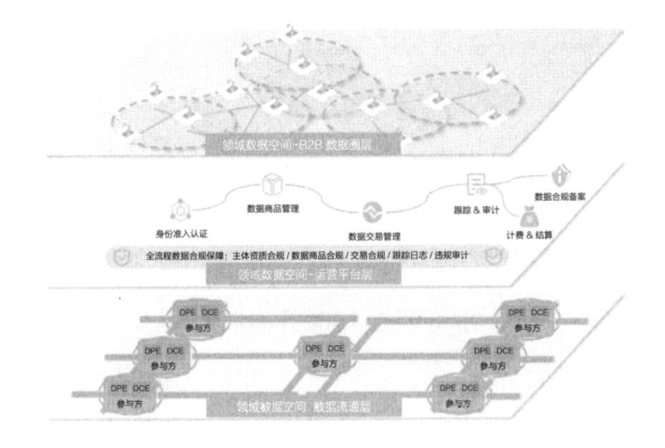

图 12-1 DDS 三层体系架构

不兼容或信息孤岛等原因，不同企业之间缺乏统一的数据协同策略，导致数据共享和交换困难；二是数据跨企业流通使用过程监控难。在数据跨企业流通的过程中，缺乏有效的监控机制，无法实时追踪数据的流向和使用情况，可能会引发数据泄露风险或滥用数据等问题；三是发生事件溯源难。由于数据流转过程中缺乏完善的溯源机制，使得事件的解决和追责变得困难，因此当出现数据泄露、纠纷或安全事件时，难以准确追溯事件的起因和责任方。

（二）场景任务设计

数鑫科技结合实际场景需求、数据保护及交易法规设计场景任务，将区块链、物联网、零信任等多种先进技术融合应用于可信数据空间，确保数据在流通和交易过程中的安全和可信性，与深数所合作寻找试点场景测试，完成可信数据空间流通平台测试环境的搭建及技术验证，最终形成成熟的可信数据空间流通平台产品。基于数鑫科技可信数据空间产品，深数所进一步开展内外部合规审核，为产品的合规性背书，产品上架交易所平台，进入流通交易。

（三）场景与数据产品匹配

长虹控股是一家集军工、消费电子、核心器件研发与制造为一体的综合型跨国企业集团，作为消费电子产业链上的“链主型”企业。长虹控股涵盖智能家电、核心部件、IT 服务、新能源、半导体等多个产品线，每日可实现 1 100 个不同产品生产。其各环节下生成的数据对企业而言都是宝贵的资源，如何高效利用工业场景中产生的数据，促进数据向产业链上下游共享流通，发挥链主企业的优势与能力，已经成为长虹控股的实际痛点。

依据传统的 API 接口的数据流通方式，企业可以通过一个“U 盘”接口直接把数据拷贝走，数据持有者很难追溯和把控数据流通方向，这对于涉及产业链上下游较多场景的链主型企业来说，隐含的风险成本尤为大。产业链上下游数据共享效率低、共享过程难控制，长虹控股亟须一套支撑产业链数据可控、可信、可追溯的数字化平台，提升企业数字化能力与效率。数鑫科技的可信数据空间产品恰恰瞄准了这一场景痛点，在深数所的参与下，数鑫科技与长虹控股达成深度合作，推动了应用场景与数据产品的有效匹配。

（四）场景价值释放

基于数据主权的跨域数据使用控制、流批一体数据安全沙盒、低代码数据开发、数据合规权益保障等数据空间技术，数鑫科技与长虹控股形成数据空间整体技术解决方案，以长虹控股的实际业务需求为引导，研发数据安全相关技术创新产品和解决方案。在此次合作中，数鑫科技用可信数据空间技术，取代了原有 API 不安全的流通方式。

通过此次合作，长虹控股创新建设和应用行业数据空间，构建数据安全共享服务，推动智能制造研产供销协同、生产过程透明、产品质量追溯等细分工业场景痛点有效解决。这一举措产生了若干好处。首先，长虹电池产线预期降低库存压力 30% 以上，将有效提升资金流转效率，降低综合生产成本。其次，质量数据透明化，将提升客户对公司产品的质量信任度以及公司的综合服务水平。再次，有效保障数据传输可靠性，系统服务压力可降低 20% 以上。最后，业务与安全松耦合，字段级的数据访问控制，基本实现数据安全“0”维护工作量，并大幅降低 API 数据接口开发成本 60% 以上，且数据共享交换流程整体效率提升 60% 以上。长虹控股在提高客户满意度的同时，有效提升了产品质量控制水平和资金周转效率，降低了综合运营成本。在增强数据流通能力的同时，实现了生产全过程质量数据共享，进而支撑了产业链上下游全过程的实时、柔性、双向质量追溯，促进了全行业的高质量发展。

三、案例总结与展望

场景驱动创新作为数字经济时代下的新型创新范式，能够有效瞄准具体场景堵点，整合现有技术并开发新技术解决场景问题。数鑫科技充分利用其数据流通解决方案，以场景驱动的方式推动工业数据要素的市场化配置，在前期与信通院、深数所协同通过场景需求识别、场景任务设计，构建了一套成熟的可信数据空间技术，在后期通过场景与数据产品匹配找到长虹控股这一数据需求方，以消费电子场景的真实需求为引导，结合现有技术构建消费电子场景下的可信数据空间（TDM）架构，完成了成果转化落地，实现了工业数据要素的可信流通和市场化配置。

通过以场景为驱动的创新，企业不再局限于单一场景的突破，而将迎来面向多元场景的全新发展。在此次合作中，长虹控股加入

“国际数据空间创新实验室”，与数鑫科技和深数所共同签署合作框架协议，在未来，长虹控股还将作为供应链代表，进一步挖掘工业数据跨域共享典型场景，进一步以场景驱动技术创新和成果转化，为行业数据要素合规高效流通使用赋能实体经济打造样板工程和典型案例。

此案例证实了可信数据空间在实时质量追溯中的价值，主要体现在：一是利用零信任和区块链技术，建立了安全的数据流通通道和数据访问控制机制，实现了可信的数据共享；二是利用区块链技术，保证了分布式数据交换的可靠性，提高了跨域系统数据一致性校验的效率；三是采用统一可配置的数据交换，降低了沟通和研发成本；四是构建了多方认可的可信数据通道，分离了数据的持有权和使用权，保障了数据交易的价值，推动了产业数据交易生态环境的发展。

而此次可信数据空间产品的转化落地，不仅为长虹控股的实际业务赋能，也为工业场景下跨企业数据共享流通问题提供了新型技术路径示范。数据空间作为数据流通的重要基础设施，具备解决跨域场景下数据提供方的流通控制与权益保障问题的能力。通过技术手段，可信数据空间能够促进数据要素的合规、安全和高效流通。未来，随着可信数据空间与隐私计算、区块链等可信流通技术的融合发展，中国的数据要素市场化的“可信流通网络”将得到全面打通，从而推动中国智造进入快速发展的轨道。

此外，可信数据空间产品还可以作为数据交易市场的可信数据流通技术底座，与场内交易合规服务有机结合，形成数据交易完整解决方案。通过场内供需撮合、交易协商，场外流通交付结合方式有助于快速打造数据交易样板，引导场外交易规模化往场内转。“智能制造领域数据空间案例沉淀的产品技术及场景实践将不仅限于消费电子行业。”深数所董事长李红光表示。相应成果还可以进一步扩展到制造业、物流等泛工业行业，服务可覆盖企业研发、生产、销售、供应、物流、服务全价值链，通过数据可信流通，实现研发设计协同、制造生产协同、供应链物流协同、运维服务协同（图 12-2）。

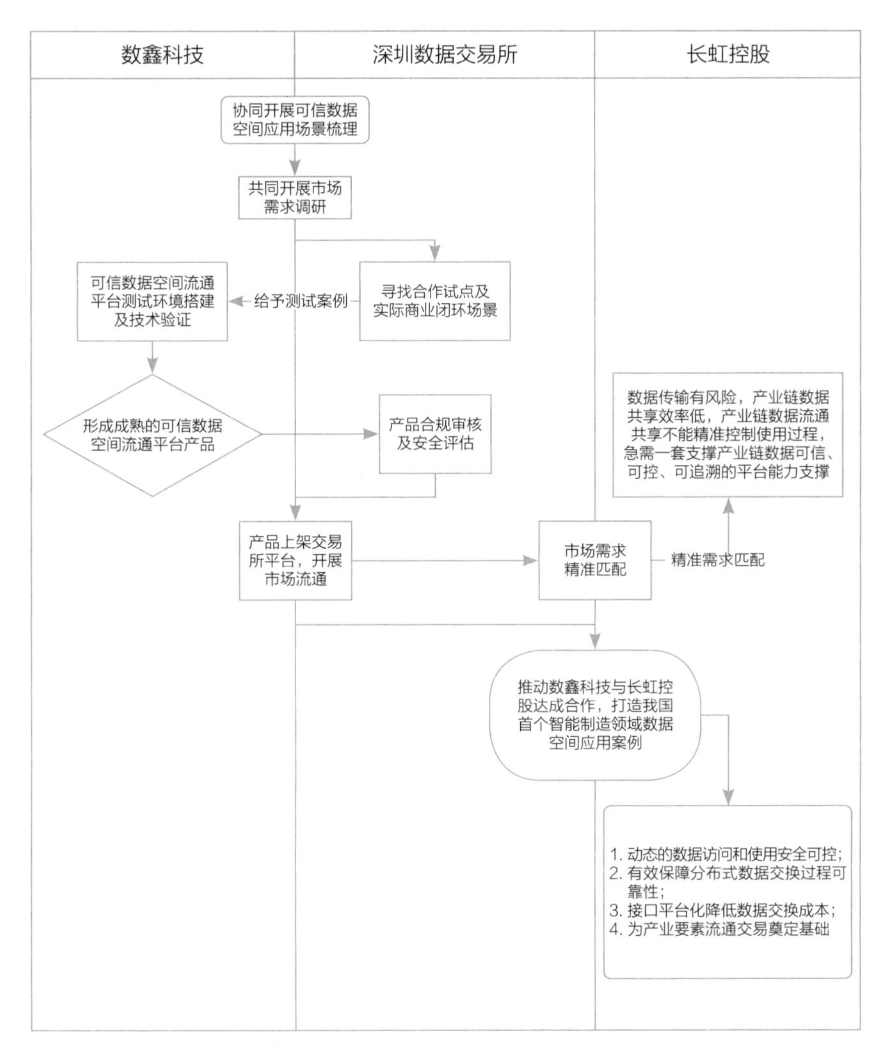

图 12-2　数鑫科技、深数所与长虹控股的合作过程

四、案例启示与建议

（一）建立完善的政策体系与产业标准

通过政府统筹、政策引导和多方协作，制定工业数据共享与交换标准，规范数据要素的格式和交易方式，降低数据要素配置的壁垒，促进数据要素在不同场景下的灵活配置和有效利用，配套建立工业大数据共享应用和流通交易相关机制，支持制造业企业结合场景开展相关数据要素市场化配置项目，促进政策体系的协同运作，为工业数据要素市场化配置提供坚实的政策保障。

（二）加强技术基础设施建设

支持工业数据空间技术架构的协同研发，加强技术、标准及应用测试，构建数据可信流通的技术基础设施。推动工业知识技术化、模型化、软件化沉淀，打造公共服务平台，发展数据空间标准制定和技术组件服务。鼓励企业和服务商参与工业数据空间建设，推动数据应用解决方案开发和创新，提升技术引领力，提高数字化解决方案的供给能力。

（三）推动场景和工业数据要素市场化配置融合

加强行业需求分析，梳理形成工业企业产业链上下游数据应用场景需求清单，促进数字化产品服务供需匹配。打造示范性工业数据空间应用场景，推动算法模型在行业间、企业间的共享应用，带动其他工业环节和行业领域的数据共享应用需求。支持地方整合资源，探索工业数据空间在推动协同发展、赋能企业融通等方面的创新应用，不断满足泛工业场景数据流通的需求，完善和创新数据流通交易技术路径，提升产业链供需效率。建立行业协会主导、企业参与的协同工作体系，加强工业数据空间理念推广、技术基础设施共建和行业应用，深化数据驱动、行业融合的应用体系建设，推动工业数据要素市场化配置的全面推进。

（四）推动建立场景导向的数据共享平台

设立激励机制，鼓励行业领军企业主动参与建设数据共享平台，为其提供一定的资金支持和税收优惠，以鼓励企业积极参与数据共享，制定明确的数据共享规范和标准，确保数据在共享过程中的安全性和对隐私的保护，建立跨行业合作机制，促进数据要素在多个行业之间的流通和交易。政府还应设立数据共享信用体系，对积极参与数据共享的企业进行评估和认定，给予信用较好的企业更多的政策支持和市场优先权，同时对恶意违规的数据共享行为采取相应的惩罚措施，以确保数据共享行为的诚信和可持续性。

（五）打造场景驱动工业数据要素市场化配置的创新示范区

在战略性新兴产业区域设立场景驱动创新示范区，吸引相关产业链上下游企业和技术资源聚集，形成数据要素的跨界配置和共享，通过政策扶持和资源整合，提供优惠政策、资金支持和技术指导，协调企业合作，共同探索更具实际效益的数据合作模式。通过实践和探索，示范区将成为场景驱动创新的先行者，为全国范围内推广场景驱动的工业数据要素市场化配置提供宝贵经验和借鉴。

第十三章

医惠保：场景驱动医保数据要素市场化配置

医保数据作为重要的公共场景数据，主要包括参保数据、支付数据、管理数据等，记录了参保患者的就医行为和医疗服务信息，在商业保险、医药等领域有极高的商业价值。推动医保数据要素市场化配置，既能帮助医药企业、银行和保险公司做出更精准的商业决策，又能优化政府和社会对民生保障的监管与公共服务水平，从根本上普惠人民群众就医看病等问题，增进民生福祉。探索医保数据要素市场化配置路径对于释放医保数据要素价值，赋能重大民生场景问题具有重要意义。2018 年 5 月 31 日国家医保局正式挂牌，整合了多个部门的资源和职责，实现了卫计委的新农合、人社部的城居保、城镇职工保的三保统一，为三医联动和医保数据要素市场化配置打下了制度基础。2020 年 11 月，国家医疗保障信息平台首次在广东省率先实施，并在两年内在全国范围内推广，覆盖了各省份的定点医疗机构和定点零售药店，为数亿参保人员提供了优质的医保服务，为医保数据开放共享和医保数据要素市场化配置提供平台基础。

然而，医保数据规模大、价值高、敏感性强、复杂性高，其市场化配置面临重重挑战：第一，医保数据涉及个人隐私和国家利益，需要建立严格的数据安全管理制度和技术手段，防止数据泄露、篡改、滥用等风险；第二，医保数据来源于多个部门和机构，存在数据格式不统一、质量不一致、缺乏共性标准等问题，影响数据的互通和共享；第三，医保数据的权属和归属尚未明确，涉及多方主体的权益和利益，需要建立合理的数据权益界定和利益分配机制；此外，医保数据还具有巨大的应用潜力和创新空间，如何以数据驱动的医疗服务创新也是一大难题。

自“数据二十条”颁布以来，北京、上海、广东、浙江等地纷纷出台了公共数据管理办法，为医保数据进一步开放共享提供顶层支持。2023 年，河南省更是将医保数据要素市场化配置改革作为重点任务，提出要建设医保数据要素基础平台、创新医保数据运营模式、建立健全医保数据管理机制、探索公共数据资产化管理，并将郑州市医保局作为唯一的改革试点，探索医保场景下数据要素高效配置的示范路径，为人民提供更优质的医保服务。

场景驱动创新作为数字时代的新兴创新范式，将创新链和产业链紧密结合，为突破医保数据要素市场化配置关键痛点问题提供重要支撑，要求各地政府、医疗机构、相关企业、研究机构等共同合作，瞄准重大医保民生场景，将分散的无序数据精准整合应用于具体的医保场景中，实现数据的开放共享，从而全面释放医保数据价值。

一、场景驱动医保数据要素市场化配置的理论基础

CDM（Context-Data-Match）是场景驱动数据要素市场化配置的典型机制，其核心在于瞄准公共、产业、企业和用户等多维场景，汇聚多元数据，将场景嵌入数据要素“收—存—治—易—用—管”的价值化全过程，通过识别场景需求、设计场景任务、匹配场景与数据，最终完成数据价值释放，赋能真实场景并反哺生成新数据、构建新场景。CDM 机制作为场景驱动的数据要素市场化配置机制，在医保数据要素

市场化配置领域具有重要作用。

（一）场景需求精准对接

CDM 机制通过深入分析公共、产业、企业和用户等多维场景，帮助医保机构精准理解不同场景下的数据需求。这有助于确保医保数据要素与各个场景的实际需求相匹配，避免数据浪费，使数据应用更加有针对性和高效。

（二）数据综合价值提升

在 CDM 机制下，通过将多元数据与不同场景任务进行匹配，数据要素之间的协同作用得以加强，从而提升数据的综合价值。在医保数据市场化配置中，这意味着医疗数据可以在不同场景中被交叉利用，实现数据要素的多方位应用，为医疗保障体系提供更全面的支持。

（三）数据流通与共享促进

CDM 机制鼓励不同数据要素在不同场景下的共享与流通，为医保数据的市场化配置创造了良好的环境。通过数据的跨场景流通，不仅能够提高数据的利用率，还可以促进数据共享和合作，进而构建一个更加开放和协同的医保数据生态系统。

（四）医疗保障体系优化

CDM 机制使医保数据更加贴近实际医疗场景，从而为医疗保障体系的优化提供有力支持。通过实时监控和数据分析，医疗机构能够更加精准地制定政策和策略，提升医保服务的质量和效率，实现医保体系的不断优化与创新。

通过 CDM 机制，政府、医疗机构、医药企业、医保机构等医保数据要素生态主体将充分发挥供需匹配作用，针对人民群众真实的医保场景需求，精准设计数据产品，最终最大化释放数据的经济价值与社会价值，增进民生福祉（图 13–1）。

二、场景驱动医保数据要素市场化配置的实践案例

（一）郑州：医惠宝赋能“因病致贫、因病返贫”场景

“郑州医惠保”是郑州市首款由政府指导实施的城市定制普惠型商业补充医疗保险，由郑州市医疗保障局指导，河南银保监局监管，郑州市委市直机关工委、郑州市委社治委、郑州市民政局、郑州市财政局、郑州市乡村振兴局、郑州市卫生健康委员会、郑州市金融工作局、郑州市总工会、河南省保险行业协会九部门共同支持，保障方案紧密衔接基本医保，是推动和构建郑州市多层次医疗保障体系的重要措施。

相比于普通保险，医惠宝瞄准民众患上大病重病而导致“因病致贫、因病返贫”的民生场景。在此场景中，老年人和弱势群体是重点关注对象。因此，医惠保设置了更低门槛、更少保费、更高保额，在解决老年人投保难、强化弱势群体保障、缓解因病致贫、因病返贫问题上能够发挥很大作用。“郑州医惠保”的保费价格为每年 89 元，年度最高保障额度 200 万元。保障范围包括：合理自付医疗费用，最高 100 万元保障；合理自费医疗费用，最高 50 万元保障；涵盖恶性肿瘤、罕见病在内的 30 种特定高额药品费用，最高 50 万元保障（其中罕见病限额 20 万元）。

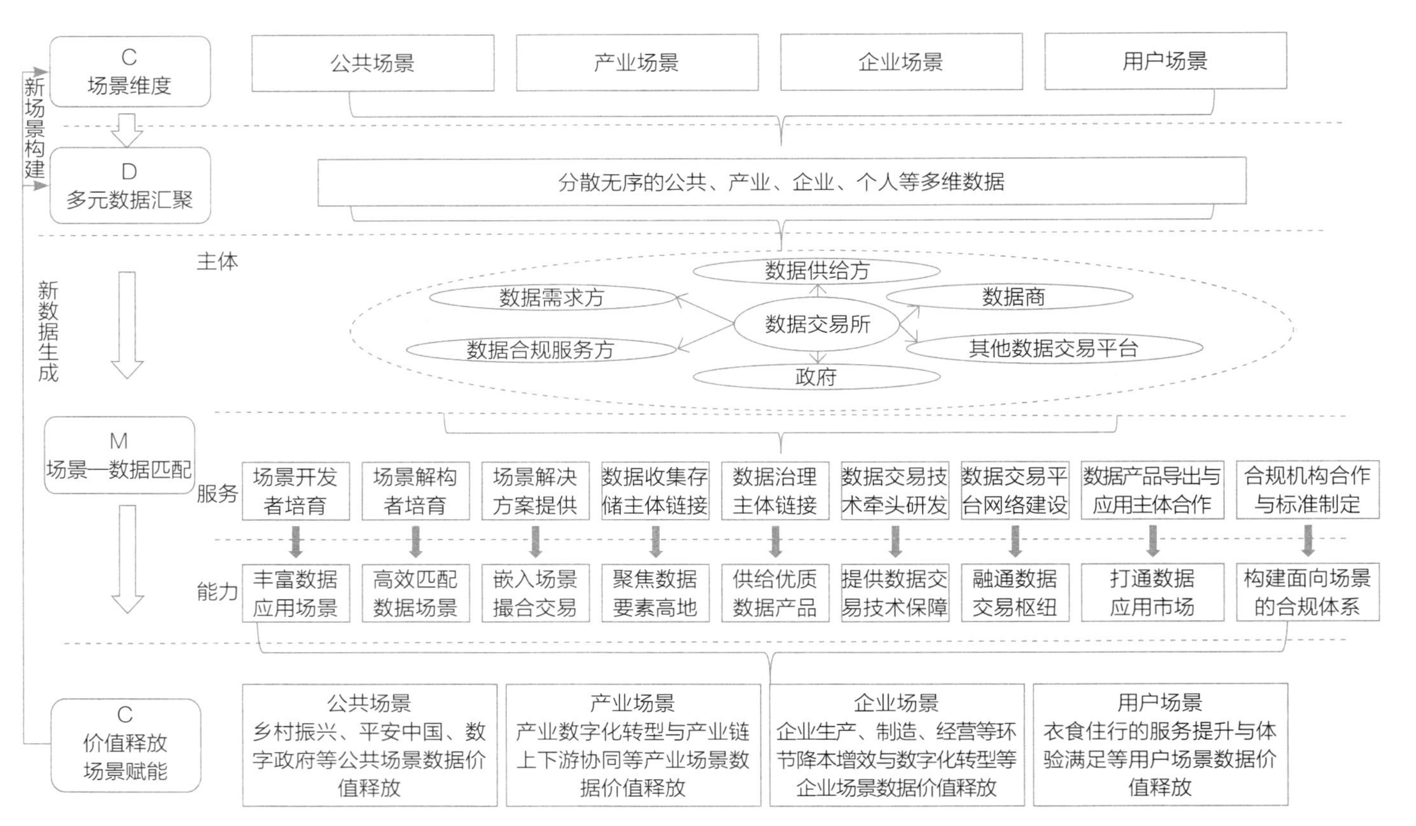

图 13-1 场景驱动数据要素市场化配置的 CDM 机制

作为一款惠民保险，医惠宝具有三大优势：一是低费额、高保障，每人每年保费仅 89 元，最高保障额度为每人每年 200 万元；二是无门槛、全覆盖，“郑州医惠保”明确普惠型定位，没有年龄、职业、既往病史等条件限制；三是保障宽，真惠民，河南省省直职工医保参保人员、行业职工医保参保人员均可自愿参保“郑州医惠保”，同时纳入郑州“新市民”，参加异地基本医保的郑州常住人群也可参保，极大拓宽了参保人群和覆盖范围，确保社会各群体公平享受惠民待遇（图 13–2）。

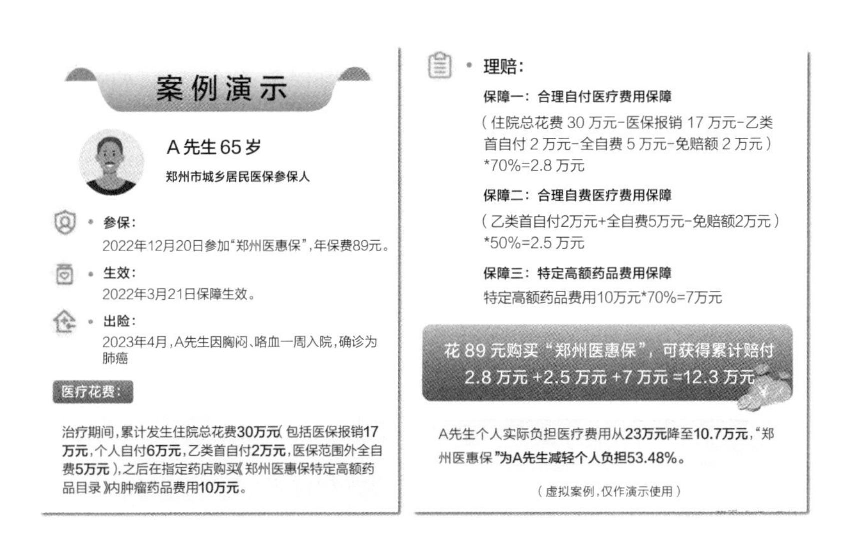

图 13–2　郑州医惠保案例演示

自 2022 年年末启动首批参保，2023 年 5 月底开启理赔报销通道，截至 2023 年 7 月 31 日，两个月时间内“郑州医惠保”收到 8 771 件理赔报销申请，初审累计赔付金额 1 498 万元，人均赔付 1.32 万元，单笔最高赔付 32.5 万元，参保家庭医疗负担最高减负近 56%。据统计，在申请报销理赔的参保居民中，最大的年龄 98 岁，最小的年龄仅 4 个月，61~80 岁参保人群的赔付人数最多，约占理赔总人数的 52.27%；41~60 岁中年人群则占比约为三分之一。分析显示，恶性肿瘤在各年龄段患病理赔占比均排在前列。具体来说，各年龄段理赔疾病排在前三位的分别是：0~20 岁人群为恶性肿瘤、白血病、难治性癫痫；21~40 岁人群为恶性肿瘤、房间隔缺损、颈椎腰椎病；41~60 岁和 61~80 岁人群均为恶性肿瘤、缺血性心脏病、严重心律失常；81 岁以上人群为脑血管疾病、恶性肿瘤及严重心律失常。

“郑州医惠保”以“折上折”方式，显著提升了家庭对医疗支出的抵御能力，使得医疗保障不仅满足了基本的费用覆盖，更通过逐层递增的保障额度，为家庭提供了更强的经济安全感。通过提供降低参保门槛、扩大参保范围，医惠保保护了弱势群体的权益，在医疗保障领域推动了社会公平与可持续发展，赋予医保数据要素落地重大民生场景实现其经济与社会价值。它通过瞄准重点场景，为医保方案的个性化提供了支持，增强了医疗保障的实用性，推进了郑州市医保体系的整体优化。

（二）贵阳：智能场景监管提升医保基金安全与诚信度

为保障医保基金的安全，维护参保人员的合法权益，拓展医保信用评价数据来源，以实现大数据实时动态智能监管，并强化医保基金的信息化和精准化管理，贵阳市在 2021 年着手构建医保智能场景监管平台。该平台于 2022 年 11 月在贵州省中医药大学第二附属医院、开阳县中西医结合医院、乡镇卫生室、连锁药店以及特药药店等八个医疗机构进行试点运行。

该智能场景监管平台通过 24 小时不间断的智能场景监控，对医保基金安全进行严密守护。不论是门诊还是住院，人脸识别系统可即刻准确判别真伪，同时有效识别医药机构是否存在虚假用药、异常诊疗等违规情况。

例如，在药店内，从进店购药到人脸识别再到付款成功的全过程都会被智能场景监控系统实时记录，随后上传至贵州省医疗保障信息平台的智能场景监管子系统数据库中。贵阳市医疗保障局的基金审核人员可通过系统实时查看已开通试点的医疗机构和药店监控画面，并审核系统智能审核引擎所发现的可疑数据信息。市民在使用医保卡支付医药费用时，药店工作人员需使用手持终端机扫描人脸进行认证，在认证通过后方可成功付款，从而有效确保了医保账户的安全。

相对于传统的基金监管方式，医保智能场景监管平台融合了生物识别引擎、场景规则引擎和视频分析引擎。平台不仅成功建立了涵盖400万人的人脸特征库，实现了在定点机构的关键场景（住院、门诊、购药、治疗等）中进行实时人脸抓拍比对，以无感识别方式监管医疗服务真实行为；还实现了定点医药机构与医保部门数据互联互通，提供监管场景视频的预览、回放、结构化分析等功能；并构建了智能监管分析应用服务，通过设置监管规则对医保结算数据和认证数据进行多维度、全方位分析，提供预警信息，实现精准监管。

贵阳市通过医保智能场景监管平台实现了对定点医药机构的日常巡检和远程抽查，极大地提升了监管效能，杜绝了医保基金在使用过程中的任何不正常情况。通过引入“智能场景监管系统”，贵阳市确保了医疗服务行为的真实性和规范性，有效预防了各类医保欺诈和骗保行为，从而在医保基金安全和诚信度方面取得了显著成效。

（三）青岛：开发医疗数据产品，提高核保场景效率

2023年1月9日，城阳区首组医疗数据产品在青岛市公共数据运营平台完成交易，成为全省首个公共数据成功运营案例，通过将医疗数据与保险业务的数据打通，为全市在更多领域开展公共数据运营提供了新模式、新路径。

此次医疗数据产品交易经过了数据采集、安全处理、产品交易以

及合规应用等多个环节。在数据采集方面，青岛市城阳区政府率先向市级一体化大数据平台提供了辖区医疗数据资源，并根据市场需求进行了数据治理，为医疗数据产品的服务提供了数据要素保障。在安全处理方面，青岛市大数据局与山东翼方健数公司合作，结合隐私计算技术，开发了基于真实数据的核保查验产品，确保了“原始数据不出域，数据可用不可见”的原则。在保护个人隐私和医疗健康数据的前提下，实现了医疗数据产品的交易和合规应用，极大地降低了保险公司的信息采集成本，提高了核保信息的真实性，将以前需要几天的线下调查时间缩短为几秒钟，实现了高效核保和理赔过程，标志着青岛市公共数据运营工作迈向了新的阶段。

青岛市大数据局指出，青岛市将在 2023 年继续深入贯彻国家和省关于数据要素市场化配置改革的决策部署，推动数据要素市场化配置改革取得更多成果，建设全国有影响力的数据要素流通中心、应用场景引领中心、产业赋能创新中心和市场化配置改革样板，推动数据高效流通使用，更好地助力实体经济的发展。

三、案例总结与启示

CDM 机制为医保数据要素市场化配置提供了重要的理论价值。无论是郑州、贵阳还是青岛，在医保数据要素市场化配置的过程中都有效瞄准医保领域的重要细分场景，通过场景需求精准对接、多样化场景任务设计、智能数据匹配技术等有效推动跨部门合作，实现医保数据要素的市场化配置，使得医保数据在实际应用场景中高效发挥作用。

（一）场景需求精准对接

场景需求精准对接是医保数据要素市场化配置的核心，通过深入了解不同医保场景下的数据需求，实现数据与场景的紧密对接，从而确保数据能够在实际应用中发挥最大价值。政府、医疗机构和保险公司等医保数据价值化生态主体应该联合起来，开展详细的需求分析，了解医疗服务的各个环节、不同参与方的需求，以及数据在其中的应用方式。这种精准的对接有助于避免不必要的数据浪费，确保医保数据要素能够精准地满足不同场景下的需求。

（二）多样化的场景任务设计

医疗领域的场景多种多样，从门诊诊疗到住院治疗，从药店购药到理赔申请，每个环节都有其特定的需求和特点。因此，政府在设计医保数据要素市场化配置方案时，应该充分考虑到这些不同场景，并为之制定多样化的场景任务。这种多样化的任务设计能够确保医保数据要素在各个医疗场景中得到精准配置，从而满足不同参与方的需求，提高医疗服务的质量和效率。

（三）智能数据匹配技术

在医保数据要素的市场化配置中，智能数据匹配技术起到了关键作用。通过引入智能算法和人工智能技术，实现数据的快速、准确匹配，从而提高数据的利用效率和准确性。借鉴监管技术的应用经验，将智能数据匹配技术应用于医保数据要素的匹配过程中，从而减少误匹配和冗余数据，保证数据的质量和可靠性。

（四）数据落地场景释放价值

数据的精准对接、多样化的场景任务设计以及智能数据匹配技术，共同促成了数据在实际医疗场景中的充分价值释放。医保数据要素得以嵌入医保民生的各个环节，实现数据要素价值落地。

在门诊环节，通过智能数据匹配技术，医保数据能够快速与患者信息进行匹配，为医生提供更准确的诊断和治疗建议，从而提升就医体验和医疗质量；在住院治疗中，医保数据要素可在实时监控下进行匹配，确保患者的用药情况与医保政策一致，防止虚假用药和医保欺诈行为。同时，数据的实时监控还有助于及时发现异常情况，保障医疗服务的质量和安全；在药店购药环节，医保数据的应用使得药店工作人员能够通过人脸识别来确认患者身份，从而有效防止盗刷医保卡、虚构医疗服务等违规行为，保障医保资金的安全使用；在医疗保险理赔过程中，医保数据的准确匹配和智能审核，可大幅缩短核保时间，加速理赔流程。患者不再需要等待多日的线下调查，实现快捷、便利的理赔体验。

总体而言，场景驱动医保数据要素市场化配置的机制，能够将医保数据的价值从抽象的概念转化为切实的经济和社会效益。通过将数据与实际医疗场景深度融合，实现数据的价值最大化，促进医疗服务的提升和医保制度的优化，以医保数据要素的高效配置推进健康中国的建设目标，真正做到普惠大众，赋能民生！

第十四章
城市数据湖：数字基础设施赋能区域创新发展

当今世界，数字技术加速创新及其广泛应用，正在加速重构区域、产业、国家乃至全球经济形态（刘洋等，2020；柳卸林等，2020；刘淑春等，2021；波特等，2014），数字驱动型创新创业成为智慧城市建设、区域产业升级和创新发展的重要新引擎（康瑾等，2021），数据要素已成为继土地、劳动力、资本、技术之外的第五大生产要素，对数据要素的有效应用和数字技术的协同整合，成为新发展阶段下中国高质量发展的强劲驱动力（马建堂，2021）。如何加快推进数据要素市场化配置，将数据要素转化为区域经济发展的生产力，打造更高质量和更可持续的数字驱动型发展模式，不但成为学术界关注的热点前沿，也是各区域乃至各主要大国竞争的新的制高点（刘淑春等，2021；马建堂，2021；尹西明等，2022）。

党的十九届四中全会首次将数据作为基本生产要素上升为国家战略，明确指出要“健全劳动、资本、土地、知识、技术、管理、数据等生产要素由市场评价贡献、按贡献决定报酬的机制”。党的十九届五中全会和国家“十四五”数字经济发展规划也提出要“推动互联网、大数据、人工智能等同各产业深度融合”“统筹推进大数据中心等基础设施建设”，强调要“加快数字化发展，发展数字经济，推动数字经济和实体经济深度融合，打造具有国际竞争力的数字产业集群”。浙江、上海、深圳、北京等各地密集出台了一系列促进释放数据要素价值、打造数字经济高地的政策举措，掀起了新一轮以数字经济为竞争焦点的区域创新“锦标赛”（梅春等，2021）。

对此，“十四五”时期乃至更长时间内，国家和区域数字经济的快速与高质量发展，亟须高质量的数字基础设施建设予以支撑（柳卸林等，2020；马建堂，2021；林镇阳等，2021）。数字基础设施是立足当前世界科技发展前沿，以新一代数字技术为依托，打造的集“数据接入、存储、计算、管理、开发和使能”为一体的数字经济基础设施，通过制度和市场驱动的新技术产业化和全场景应用，催生出大量的新业态、新产品、新服务与新经济模式。国内涌现了包括城市大脑、城市数据湖、区域大数据交易中心等在内的多种类型的数字基础设施实践探索形式，已经成为全面提升区域创新体系效能、激发数字经济活力，进而推动区域创新发展和畅通国内大循环的重要引擎。然而区域数字基础设施建设依然面临着能源、成本、安全、收集、治理、开放、开发等多维挑战，数字基础设施赋能区域创新发展的机制尚不清晰。现有研究虽然对数据要素的重要性、数字基础设施的特征、趋势、数字经济发展体系以及数据要素对城市发展和新发展格局的影响做了初步探究（如尹西明等，2022；康瑾等，2021；赵涛等，2020；马建堂，2021），但是对如何发挥新型举国体制优势和市场主体作用、通过市场化的方式建构数字基础设施，进而重构和优化区域创新系统，赋能区域创新发展这一重要议题，仍然缺乏深入的研究。

2022 年 2 月，国家领导人在《求是》发表署名文章，其中进一步强调要“加快新型基础设施建设，加强战略布局，加快建设高速泛在、天地一体、云网融合、智能敏捷、绿色低碳、安全可控的智能化综合性数字信息基础设施，打通经济社会发展的信息‘大动脉’”（习近平，2022）。对此，本研究基于城市数据湖的创新实践，运用扎根案例研究方法，探讨了数字基础设施与城市数字化转型和区域数字产业发展的关系，以及数字基础设施赋能区域创新发展的过程机制与模式。研究发现数字基础设施建设能够基于数据要素的“5V–5I–5W”三维属性，构建“物理世界—数字孪生—智慧孪生”的社会经济进阶结构体系，赋能数字驱动型区域创新生态系统，从经济、社会和环境等多维度整合价值创造，促进区域创新与可持续发展。本研究丰富了区域创新系统理论和区域数字化转型的相关研究，提炼了数字经济基础设施在推动区域经济创新发展和转型中的模式和作用机制，提出了加快构建数字驱动型区域创新生态系统的政策建议，为促进数字经济健康发展，打造现代化经济体系新引擎，促进区域创新与高质量发展提供了重要理论和实践启示。

一、相关研究及评述

针对数字基础设施概念和特征的探讨尚未形成一致性共识。由中国信通院和华为联合发布的《数据基础设施白皮书 2019》，认为数据基础设施“是传统 IT 基础设施的延伸，以数据为中心，服务于数据，以最大化数据价值。它涵盖数据接入、存储、计算、管理和使能五个领域，提供‘采—存—算—管—用’全生命周期的支撑能力。数据基础设施需要具备全方位的数据安全体系，旨在打造开放的数据生态环境，让数据存得了、流得动、用得好，最终将数据资源转变为数据资产。”（中国信通院等，2019）该白皮书主要从微观企业数字化转型视角出发，停留在企业数据开发和数字化赋能层面，认为数据基础设施的主要价值在于帮助企业实现存储智能化、管理简单化和数据价值最大化，虽然指出了数据应用存在的“存不下、流不动、用不好”三大问题，但未能提出超越企业维度、更具有一般性和可操作性的数字基础设施建设路径。本研究则认为，数字基础设施是立足当前世界科技发展前沿，以新一代数字技术为依托，打造的集“数据接入、存储、计算、管理、开发和使能”为一体的数字化基础设施（林拥军，2019），通过制度和市场驱动的新技术产业化和全场景应用（尹西明等，2022），催生新业态、新产品、新服务与新经济模式。其基本构成包括基础层、技术平台层、应用场景层和区域创新创业生态层，根本目的在于打造数字经济时代的创新基础设施和创新公地（陈劲，2020），支撑数字要素价值化生态系统（尹西明等，2022）建设，释放数据要素价值，赋能企业、区域和国家数字经济高质量发展。

也有学者针对数字基础设施建设的不同模式和机制做了积极探究，但是仍缺少相应的案例或实证研究予以验证。例如尹西明等（尹西明等，2022）针对数据要素价值化的难题，建构了“要素—机制—绩效”过程视角下数据要素价值化的整合模型，论述了通过“数据银行”实现多维价值创造的动态过程机制（尹西明等，2022）和数据要素价值化生态系统（尹西明等，2022）建设，打开数据要素价值化的过程“黑箱”。但该研究尚停留在理论探讨层面，缺少实际案例与作用机制探索，同时集中在数据要素价值化本身，忽略了数据要素，尤其是数字基础设施建设对城市、区域原有创新生态的价值挖掘。

在数字基础设施与区域创新发展的关系方面，已有研究在数字化水平、区域数字化投入对区域创新绩效的影响等议题方面作了有价值的探索，但这些研究主要聚焦区域数字化投入对创新绩效的影响结果，未能深入揭开数字化投入要素，尤其是数字基础设施建设促进区域创新的过程机制。例如，温珺等（2020）学者基于 2013—2018 年中国省级面板数据的研究发现数字经济能够显著提升区域创新能力，但潜力尚未充分发挥。周青等（2020）采用 2015—2017 年浙江省 73 个县（区、市）的面板数据实证研究发现区域数字化接入水平的提高有利于提升创新绩效，区域数字化装备、平台建设、应用水平对创新绩效影响呈现倒 U 型关系。刘洋和陈晓东（2021）通过对数字经济发展程度和产业结构升级的影响分析，发现数字基础设施对东中西部地区产业结构高级化均有显著促进作用，但对中西部地区产业结构合理化的促进更为显著。康瑾和陈凯华（2021）认为数字创新发展经济体系可以通过投入创新、产品创新、工艺创新、市场创新和组织创新数字化等五个渠道实现价值增值，但这一研究忽略了区域数字创新发展体系中数据要素的作用机制和价值增值的渠道。万晓榆（2022）和俞伯阳（2022）等人的最新研究则通过省级面板数据构建了数字基础设施等数字经济发展水平测度模型，发现数字基础设施能显著促进区域创新能力或全要素生产率。在数字价值创造方面，孙新波（2021）和尹西明（2022）等结合数据要素与传统生产要素的本质性差异，梳理了数字价值创造的核心维度、影响因素、实现方式和影响效应，最后提出了数字价值创造或价值释放的框架。

如前所述，当前数字基础设施建设面临节能、降本、安全、开放、开发和治理等多维挑战（康瑾等，2021；马建堂，2021），数字基础设施赋能区域创新发展的过程机制尚不清晰（尹西明等，2022；中国信通院等，2019）。现有研究虽然对数据要素的重要性、数字基础设施的特征、可能的应用模式与对区域发展的影响做了有益探索，但是对如何发挥新型举国体制优势、通过市场化的方式建构数字基础设施，进而赋能区域创新发展这一重要议题，仍亟须深入的实证分析，尤其需要系统性研究以揭示数字基础设施整合数据要素和数字技术、重构和优化区域创新系统，实现多维整合价值创造的过程机制。

二、研究设计

（一）研究方法

基于案例的定性研究方法能够对案例研究对象进行综合性描述

与系统性解构，在全面把握案例对象和事件的动态过程与脉络基础上，获得较为全面、整体和深入的研究发现（Yin, 2017；陈红花等，2020）。同时纵向案例研究有助于通过时间和事件变化过程的深入分析，从而挖掘复杂现象背后的机理、规律和机制，归纳梳理和提炼出可用于解释一般性现象的理论或规律性结论（陈晓萍等，2012）。[艾森哈特（Eisenhardt），（1989，2021）]、[殷（Yin），（2017）] 等人建构的案例研究基本原则，成为案例研究的基本参考规范，并被广大案例研究者广泛采用。已有研究表明，相比多案例研究，基于单个案例的纵向案例研究更适合考察过程机制、路径和纵向演化模式等问题（陈晓萍等，2012；李平等，2012；陈红花等，2020）。本文研究旨在通过对以城市数据湖为代表的区域数字基础设施建设创新实践，深入探究区域数字基础设施如何重构和完善区域创新生态系统，进而赋能区域创新发展的过程机制和典型模式，并通过案例研究来深化和发展数字经济与区域创新发展的理论，因此较为适合采用探索性纵向案例研究方法（殷，2017；艾森哈特，1989）。

（二）案例概况

数据湖一词最早于 2011 年由美国互联网企业提出，其最早定义为以原始格式存储数据的存储库或系统，是企业级的数据解决方案，面向对象是数据科学家和数据分析师（林拥军，2019）。但作为一项单纯的应用技术，数据湖由于在发展理念、关注重点、管理模式等方面存在一定缺陷，难以有效解决大数据时代，尤其是伴随着非结构化数据的爆发式增长所带来的数据存储成本过高、数据安全难以保障等问题，更无法实现数据价值变现及产业生态环境构建等目标。林拥军（2019）和林镇阳（2021）等在借鉴传统数据湖概念的基础上，结合国内外技术和行业变革趋势、国家战略要求、地方发展机遇等内外部因素，基于中国蓝光存储技术创新及智慧城市场景应用的探索经验，于2016年提出面向政府、企业、个人的数据要素价值化理论体系与大数据解决方案——城市数据湖（City Data Lake）。

城市数据湖定位是城市标配的新一代信息基础设施，即光磁融合、冷热混合，具有云计算、云存储、人工智能服务功能的新一代绿色互联网数据中心（Internet Data Center，IDC），是大数据价值挖掘、对接人工智能服务的数据智能技术（Data Technology，DT）系统，也是国家治理体系和治理能力现代化的集中体现。城市数据湖在基础属性、服务对象、关注重点、存储成本等主要维度与传统数据湖的概念有本质区别（表14–1）。概括而言，城市数据湖利用先进的蓝光存储及光磁一体融合存储技术，解决了海量数据存储成本过高的问题，以人工智能和云计算为服务形式，通过实施“建湖、引水、水资源开发”三步走战略，致力于打造超级存储、超级链接、超级计算相配套的数字经济基础设施，在搭建数据湖基础设施基础上，吸纳城市各类数据资源，以应用为目的，最终达到数据增值、变现，带动大数据产业与传统产业加速融合。

表14–1　传统数据湖与城市数据湖

核心维度	传统数据湖	城市数据湖
基础属性	应用技术	基础设施
服务对象	企业为主	政府为主，企业及个人为辅
关注重点	提升行业数据存储、分析能力，提升企业数据决策效力	以数据为核心的生态环境构建
成本	基于开源技术低成本，无法解决海量数据的物理存储介质高能耗、高成本等问题	依托蓝光存储技术的存储容量大、成本低、能耗小等特点，极大降低数据存储成本

（三）数据收集

1. 实地调研与半结构化访谈

本研究团队自 2019 年以来多次访谈四川成都数据湖、天津津南数据湖、江苏徐州数据湖、江西抚州数据湖、大连数据湖等东中西部不同地区的代表性城市数据湖，北京、成都、天津、徐州、抚州、无锡、大连等区域性城市数据湖建设政府主管部门，以及中国信通院、北京市大数据交易中心、易华录数据资产研究院等研究或服务机构，并通过对城市数据湖领域领军企业中国华录集团、北京易华录以及华为、旷视科技、百度、英特尔等城市数据湖技术供应商开展系统和深入的跟踪访谈，积累了大量一手访谈资料和实践过程资料，为提炼本研究的研究问题、确定概念模型和案例研究思路提供了重要支撑。

2. 基于跟踪研究的数据积累

本文作者团队在前期对数据要素价值化和城市数据湖已经有比较深入的探究，形成了集调研访谈、案例、公开报道和人物专访在内的综合性数据库。此外，还有本文研究团队在前期关于城市数据湖研究的资料编码库。由城市数据湖政府主管部门、参与建设的企业和技术提供商等提供的一手资料，研究团队实地调研访谈积累的第三方调研数据，以及公开资料所构成的档案数据（Archive Data）相互交叉验证，符合定性研究的“三方验证”理念，尽可能保证了研究信度和效度。在此基础上研究团队已经于国内外学术杂志和《光明日报》《人民日报》、新华网、光明网等权威媒体发表了阶段性理论研究成果和智库专报，也构成了本研究的重要理论积累。

三、案例分析：数字基础设施赋能区域创新发展的模式

（一）数字基础设施赋能区域数字驱动型创新生态系统建设的概念框架

结合前期访谈、理论研究和案例分析，本研究总结了城市数据湖赋能区域数字驱动型创新生态建设的基本概念框架（图 14–1），包括技术创新与商业模式创新，在二者协同创新基础上，驱动培育新兴业态，并最终实现数据赋能政府治理、产业发展、招商引资和投资孵化等开放发展生态。

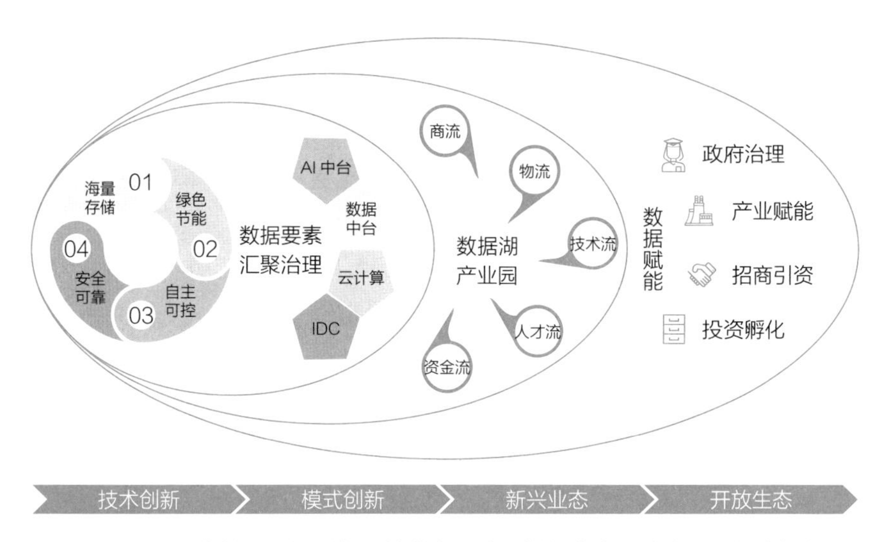

图 14–1　数字基础设施赋能区域数字驱动型创新生态系统建设的概念框架

1. 技术创新

为了突破城市数据湖安全建设过程中面临的国产数字化软件和存储方面的技术瓶颈，由中央企业华录集团牵头，联合政府、高校、科研机构和产业链力量打造“政、产、学、研、用”完整的科研生态体

系，开发了以蓝光技术为核心的光磁电一体化大数据存储解决方案，实现了城市数据湖技术自主可控，同时大幅降低了数据存储成本和能耗，补齐了国家大数据存储技术上的短板，促进了海量数据存储和保障安全可靠，为提升城市大数据应用水平奠定技术基础。

首先，蓝光存储作为数据存储发展主要的优质载体，其存储密度远高于其他存储介质，可实现海量数据的汇聚存储；其次，围绕热、温、冷数据分级存储，围绕蓝光存储为核心，其存储成本仅为磁盘存储的10%，城市数据湖蓝光存储单机柜满负荷工作功率700W，待机功率仅为7W，同等条件下蓝光存储能耗仅为磁盘存储的3.51%，为绿色数据中心建设面临的数据存储“卡脖子”问题提供了突破路径。相比于传统大型数据中心通常建设在较为偏远的地方，数据湖能以整体较低能耗在城市较为中心的地带建设绿色智慧城市数据中心，为日常维护和数据访问带来便利。并且蓝光存储是采用相变技术记录数据，具有抗电磁辐射、防病毒攻击、防人为篡改，数据保存寿命高达50年以上（为传统电存储介质寿命的10倍），能更有效地保障安全可靠的数据存储。同时，在当前国外技术封锁的背景下，相比电存储，蓝光存储技术是国内能够实现技术自主可控，拥有完整产业链的领域。此外，城市数据湖基于蓝光存储技术的低能耗特征，可根据实际业务需求，依托光磁一体存储技术合理配比光存储和磁存储，在满足海量数据长期存储的同时，实现高频次访问数据的快速提取，解决同等存储规模下传统存储模式带来的成本与耗能的悖论难题。

2. 商业模式创新

城市数据湖主要通过基于蓝光存储的IDC服务、多样化的云计算服务模式、基于数据中台和AI中台的数据要素治理与应用开发，打造基于海量数据的城市级数据中台，加速孵化区域新业态，进而培育区域数字创新发展生态。

其中，城市数据湖的湖存储IDC服务依托数据存储的“二八定律”，以独有的蓝光存储技术服务于冷数据存储，并配比一定的磁存储空间，形成服务于城市大数据的光磁一体存储服务，以蓝光存储的高集约性、低更换率等特点，实现集约化、设备长期利用的数据机房建设，为大数据长期存储提供了设备保障，同时为数据量几何倍增长的情况提供了集约化实现能力，大幅节省了设备和空间。同时，湖存储服务针对异质性数据进行数据存储介质的差异化匹配，将冷数据存储在蓝光介质中，极大地节约了数据中心电能消耗，有效降低了数据存储成本，为大数据产业的持续快速发展提供了低能耗保障。

云计算是实现数据高效处理的必然选择，传统数据处理方式和处理效率已无法满足现代人们对数据处理的要求。城市数据湖可根据基础设施、软件、时长及存储空间的使用情况，提供给用户高性价比的云计算服务，引导用户根据自身业务发展需要，按小时、月、年来获取数据资源，实现数据高效的应答处理和合理的资源配置。在湖存储及云计算的基础上，提供大数据开发套件、数据共享与交换等可靠、安全、易用的数据服务，进而实现对湖中各类数据的精耕细作和共建共享，增强城市信息系统间的共享协作，推动城市信息化管理体制优化，优化政府城市管理效率，为政府、企业和民众提供快捷、高效的数据服务。

数据湖人工智能平台，基于对海量数据的挖掘与运算，通过对大规模数据模型训练的支持，实现了人工智能算法及相关技术的开发、模型的训练、应用分享与场景需求的低成本高效率精准匹配。人工智能本质上是计算力、数据与算法的结合，只有将足够的数据作为深度学习的输入，计算机才能学会以往只有人类才能理解的知识体系。数据湖所具备的数据规模优势是发展人工智能的核心驱动力，并配备高质量的人才与技术资源，有效降低了人工智能准入门槛与开发成本，为深度学习、做出高质量人工智能应用打下了良好基础。

城市数据湖以“存储一切、分析一切、创建所需”为目标，以

"建湖、引水、水资源利用"为路径，助力地方政府构建兼具城市级基础设施和公共服务的双重属性的城市级数据中台。以数据流带动商流、物流、人才流、技术流和资金流，实现数据资源全面、迅速、智能融合共享和创新应用，为各行业提供所需数据的最优解，成为产业创新的孵化器、经济发展的加速器、城市转型的腾飞器，同时也是大数据产业的孵化土壤。

（二）城市数据湖技术架构与赋能数字驱动型区域创新发展路径

数据要素作为数字经济最核心的资源，要充分利用大数据的自然属性，完善城市数据湖技术架构，赋予其社会属性，然后结合城市发展的差异化需求和相关场景（事件属性），来因地制宜地构建城市数据湖。城市数据湖作为融合新生产要素的重要载体，能够通过应用新型数字技术架构，发挥海量城市数据的规模优势，有效赋能数据驱动的城市创新生态系统，解放和发展数字化生产力，推动数字经济和实体经济深度融合，实现数据要素在善政、惠民、兴业的多维价值释放。

1. 技术架构

在创新应用过程中，城市数据湖的具体技术架构提炼如下（图14-2）。

具体而言，城市数据湖作为融合数据"感知—存储—分析"为一体的新一代开放型数字经济基础设施，以光磁融合存储为依托，以新一代数字技术为支撑，提供区域大数据中心服务。数据湖基础设施包括湖存储、云计算、大数据、人工智能、IDC 以及数据安全六大组成部分。其中，云计算是基于数据湖容纳的海量数据，将分散的 IT 资源转化为规模化、集约化、专业化的运营和服务。"湖为体，云为用"，"湖存储"与"云计算"是数据湖当中的核心组成部分。"湖存储"作

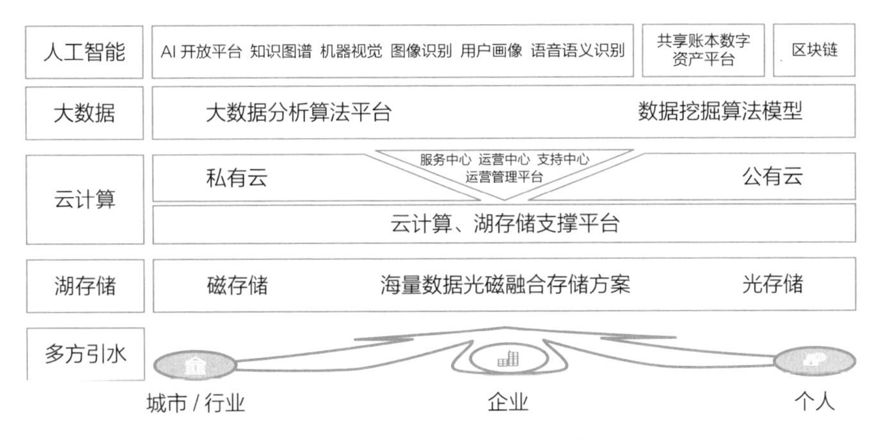

图 14-2　城市数据湖技术创新架构

为巨大的数据原生态水体，有效满足了大数据的采集、存储要求，而“云计算”则使得大数据的分析、应用成为可能。在这种上下合力、循环往复的生态运行环境中，有效避免了数据沼泽的出现，同时有利于盘活、激发区域大数据产业及数字经济的发展活力。

2. 实现路径

实现路径方面，城市数据湖为海量、多源、异构数据提供光磁融合、冷热混合的全介质、全场景“超级存储”，是具有云计算、湖存储、数据安全、数据增值等服务功能的新一代绿色 IDC，与 5G“超级连接”和云计算“超级计算”相配套，协同整合而成为新时代城市数字经济基础设施，建构数据存储能力、数据运营能力和数据资产化服务能力三大核心能力，将有效解决 5G 时代大数据产业发展中存储成本高、存储寿命短、数据安全难以保障、数据开发利用难度大等关键瓶颈问题，赋能区域数字驱动型创新生态。

首先，基于 5G 移动通信技术实现超级链接。随着大规模的 5G 网络建设在国内逐步展开，其下游的 AR、VR、无人驾驶、全息投影、智慧家居、元宇宙等新兴行业海量数据的产生、处理、计算、存储、交换，对数据中心的存储和计算资源提出了更高的要求与挑战。未来，我国 5G 网络后端的数据计算和存储中心一定是高性能、低成本、快速部署、柔性扩充、高效运维、节能环保且自主可控的，国家层面已经开始加大新型数据中心布局力度。

其次，基于磁光电一体化存储技术实现超级存储。目前企业级存储系统多以热数据存储为主，采用磁、电作为物理存储介质（固态硬盘、机械硬盘等），磁、电介质能够保持数据一直在线，提高数据响应速度，但同时也带来能耗巨大、存储寿命短等诸多问题。随着数据存储量的爆发式增长，传统磁电存储架构已无法同时满足海量数据时代对长期保存、低成本、绿色节能、高可靠性的冷热分层存储需求，在采用单一存储介质难以满足大数据存储市场需求的情况下，以蓝光存储介质为基础，融合光、磁、电三类存储介质性能优势，围绕数据全生命周期管理的冷热分层混合存储策略——“超级存储”应运而生，可以根据数据的使用频率、文件大小、文件类型等特征将数据进行冷热分层，分别采用相应适配的物理存储介质进行存储，并通过不同存储介质之间优势互补，满足用户延长保存期限、降低存储成本、提高节能效果、增进安全可靠性的海量数据存储要求。在此基础上，形成了集数据“感知—存储—分析”于一体的智能化综合信息基础设施——城市数据湖的核心架构。

最终，在超级链接和超级存储基础上嵌入“端—边—云”协同计算架构而实现超级计算。5G 定义了更加丰富的网络连接适用范围，将互联网从“人”扩大到“物”，万物智联真正变为现实，但大量传感器和智能设备所产生的海量数据的计算处理需要低时延、大带宽、高并发和本地化的计算系统。5G 时代终端算力上移、云端算力下沉，在边缘侧形成算力融合，打通物联网落地“最后 1 公里”的“云、边、端”分布式协同计算架构正在成为最佳解决方案。

（三）赋能区域创新发展的多维成效

1. 经济效益

城市数据湖不仅是一项科技产业项目，更是一个汇聚人才、技术和资本的大平台，能够激活现有区域数字资源，推动区域经济产业快速升级。同时，依托城市数据湖实现资本人才汇聚、加快以“数据要素＋数字创新人才＋数字创新服务”为核心特征的区域数字经济步伐。以天津津南数据湖项目为例，整个产业园占地16万平方米、建筑面积35万平方米，其中包含数据中心机房、孵化器、加速器、办公区、公寓、生活配套设施，可容纳不低于1万人办公。2020年下半年园区开放，截至2021年6月，落地包括城市运管中心、应急管理联创中心、天津智谷管委会在内的3项政府融合项目，引入华为、360、网易、甲骨文、玄彩北方、金电联行等龙头企业，已注册和意向落地企业百余家，数据湖生态企业400余家，覆盖相关产业链5大行业37个细分领域，实现产值34 900万，税收1 043万元。同时，天津市政府与央企华录集团联合举办开放数据创新创业大赛，吸引来自全球的上千支创新创业团队，挖掘开放数据潜能，破解大数据应用难点，推动城市数据湖与地区产业深度融合。

2. 社会效益

城市数据湖作为数据要素价值化的一种有效载体，能够节约政府数字经济基础设施建设成本，降低政府数据中心建设支出，助力政府信息资源开发及政务系统应用，实现政府部门间信息联动与政务工作协同，驱动政府治理体系与治理能力现代化。在经过数据脱敏、合法开放、高效开发利用后，将数据要素价值赋能智慧医疗等民生领域的数字化水平，驱动民生服务方式变革，提高科学决策水平，提升社会治理能力，围绕市民最关心的社会问题，解决市民生活核心痛点，进而增强人民幸福感和获得感。例如，2020年3月建成投产的成都金牛数据湖构建了区级抗疫指挥人防 + 技防新模式，城市大脑平台实时反映国内外、本地疫情整体态势，人员流动及重点人员跟踪反馈信息，至 2021 年 3 月份共对中高风险区域来成都金牛区超过 52 万人员实时监管筛查。累计追踪 11 例确诊病例、165 名密接人员、413 名疑似人员，共梳理 18 216 条疫区入川历史活动轨迹，为区政府提升疫情防控研判和应急治理效能提供了有力抓手。

3. 生态效益

城市数据湖作为绿色数字基础设施，可以大幅降低数据存储的总耗电量，实现数据存储、计算、管理、开发等环节的节能、节水、节碳减排，同时实现对数字化生态资源存储和保护，助力绿色可持续发展。节水节能减排方面，与传统的磁存储相比，1 000PB 存储总量全蓝光配置的城市数据湖，年总用电能耗节省 1 482 万 kWh，节能和减排比例为 96.49%，相当于节省标准煤 1 821 吨，相应减少二氧化碳碳排放量 8 949 吨；对于 1 000PB 存储总量智能分级存储解决方案使用光磁配比 8：2 条件下（即满足日常数据存储的性能要求又充分考虑节能的长期存储）的城市数据湖，相比于全热磁存储的数据中心，年总耗电量节省 1 185 万 kWh，节能比例为 77.19%，相当于节省标准煤 1 457 吨，减少二氧化碳排放量 7 160 吨；由于无须额外的通风冷却系统，可大大降低 IDC 对冷却系统等其他基础设施的设备数量及用电量，大幅节省水资源，年节水量可达 1.75 万吨，节水比例为 80%。

四、数字基础设施赋能区域创新发展的整合框架

城市数据湖作为区域数字基础设施的典型载体，在释放数据要素价值、促进区域创新发展的过程中，不但充分利用了数据要素的自然属性（5V）和社会属性（5I）（尹西明等，2022），更借助具体的场景应用和事件流，赋予了数据要素以面向区域发展需求的事件属性

（5W）（林拥军，2019），形成了具有整合式创新理论（陈劲等，2017）内涵的数据要素的“三维属性”——自然属性、社会属性和事件属性。在实践应用过程中，数字基础设施则依托技术创新、制度创新和面向市场需求的场景创新，进阶性地将物理意义上的现实世界加速推向数字世界的数字孪生和数智世界的智慧孪生（图 14–3）。最后，通过基于数字基础设施的能力开放生态和数据应用生态建设，推动了打造数据要素驱动型区域创新创业生态（图 14–4 和图 14–5），在这一过程中，不但能够助力现实世界多元主体的融通创新，更能够加速建构具有多维数据融合、实时精确反馈、场景驱动创新（尹西明等，2022）等特征的数字孪生，最终迈向数智协同交互、决策自动智能、人机整合共生和可持续的智慧孪生。

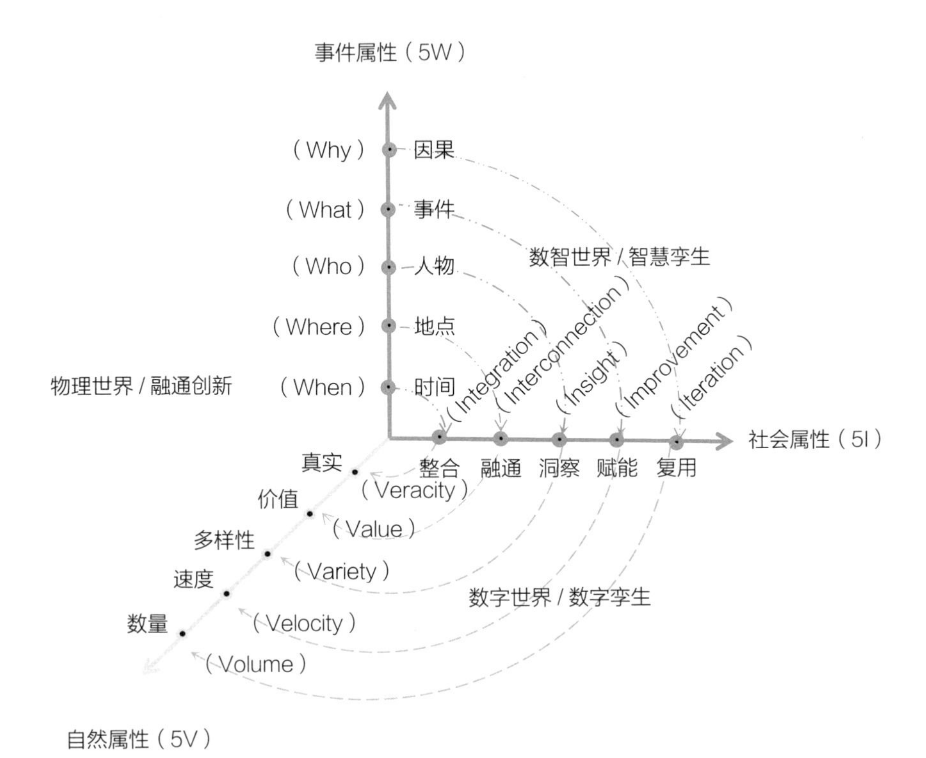

图 14–3　数据要素三维属性与数智世界建构框架

图 14-4　数字基础设施赋能区域数字驱动型创新发展的生态演化逻辑

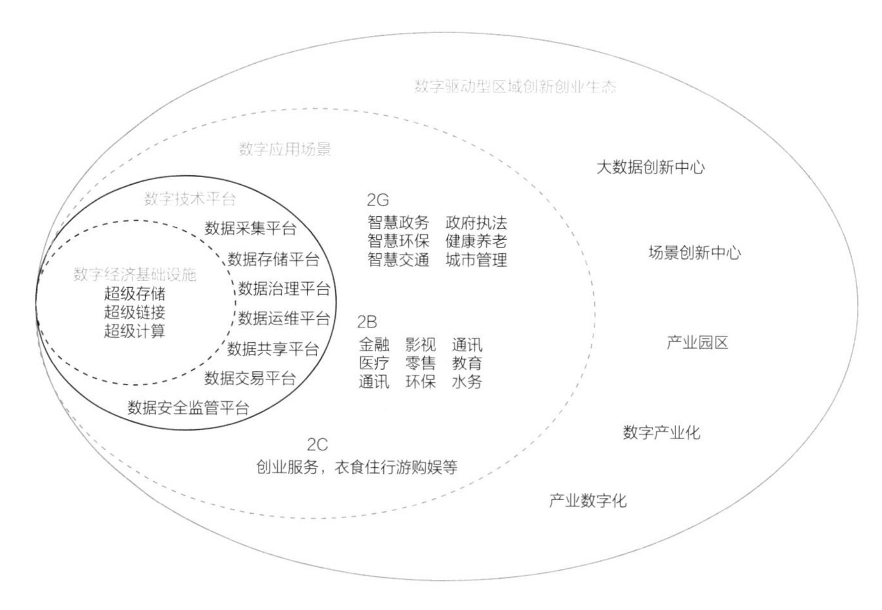

图 14-5　数字基础设施赋能区域数字驱动型创新生态的演化过程

（一）物理世界多元主体融通创新

首先，随着数字基础设施的构建，区域创新生态系统的行为逻辑显现出新的特征。需求侧的消费者作为新的创新主体参与创新过程，使得以满足用户需求为核心来进行交互创新和批量化定制具有可行性，突破反馈优化机制的滞后性，创新效率得以提升。数字基础设施赋能可改变组织、企业的运行机制及企业间的竞合关系，打破时间、地域限制，让不同创新主体在不同时间和地点参与各类创新过程，打破自上而下的决策机制。其次，数字基础设施可以通过改善信息披露与共享路径，强化制度建设和改善非正式协调机制。由此催生的数字平台促使外部生产者和消费者产生交互协同效应，从而实现其他生态系统成员利用该平台设计和控制多个产品和子系统，解决数据孤岛林立的痛点，推动区域创新生态系统向数字驱动型创新生态转型升级，实现多元创新主体的共演与融通创新。

（二）数字世界与数字孪生

基于城市数据湖建设深化而成的湖脑孪生城市项目可为政府营造良好的数据招商环境，搭建发展数字经济的平台和舞台，实现产业数字化和数字产业化，通过不同行业、多维数据的融合，最终形成以产促城、以产兴城、产城融合的城市发展新局面，促进区域数字创新生态系统的动态演进。特别是通过互联网、物联网、视频网等采集的数据，链接于城市实景三维模型，以图像、视频等形式与物理城市一一对应，形成虚实融合、协同交互的全景感知应用场景。实现城市全要素数字化和虚拟化、城市全状态实时化和可视化、城市管理决策协同化和智能化，有利于实现实时精确反馈效应。通过湖脑孪生城市建设将吸引一批拥有数字孪生技术、产品和服务的上下游厂商进驻数据湖产业园，以体现信息技术与制造技术深度融合的数字化、网络化、智能化制造为主线，包括搭建服务于中小企业的数字孪生服务平台，提供产品仿真模型设计、数字化生产线设计等能力服务，助推工业品制造商家围绕产品数字孪生体进行科学设计、智能生产、智慧检测、精准营销和优质服务。

通过数据资源的开放、共享、价值挖掘以及数据创新，推动城市数据湖所在区域形成包括数据存储、清洗加工、数据安全等核心业态，电子信息制造、软件和信息技术服务等关联业态，医疗健康、共享经济、区块链、电子商务、大数据金融等衍生业态的大数据全产业链条。通过挖掘城市发展中的海量场景，借由各类场景打造开放融通产业生态，并利用场景引爆商业应用，塑造数字化赋能的新力量，最终达到场景驱动创新的战略目标。

（三）数智世界与智慧孪生

随着城市建设速度不断加快，单一职能的统一管理已经难以全面覆盖到城市管理的每个角落，要充分利用数字基础设施，构建城市的数字孪生体，构建数智城市，使得对城市状态的实时分析和调整成为现实，实现从虚实结合向虚实互动的智慧共生转变。数字孪生城市的发展与应用内涵，真正体现了新型智慧城市的愿景和目标，也是第四代管理学（陈劲等，2019）的现实应用。首先，数字孪生城市是与物理城市一一映射、协同交互、智能互动的虚拟城市，这需要先对城市进行三维信息模型构建、然后得以进入数字世界与物理世界的数智协同互动阶段，并真正实现“智慧”，最终形成城市决策“一张图”，城市治理“一盘棋”的数字城市治理新格局。

其次，数字基础设施的建设通过构建大数据分析能力，不断提升决策智能化水平，将“数据”转化为“洞察”，再由洞察产生行动，不仅要从技术上提升洞察分析能力，也要从组织、管控、能力角度同步提升，实现“感知—洞察—评估—响应”闭环运作与循环提升。

最后，在数字基础设施不断强化和人机混合的历史条件下，智能技术体系集成态势的出现，使各智能产品、智能软件开始集成并协同发展。依赖于智能技术的集成，协同信息的传输速率与分享效率得到空前提高。随着人和人、人和机器以及智慧机器之间的混合式传输、交互与共享的深入发展，海量的人类知识、智慧及行为数据、工作任务等开始分布于智慧共享体系之上，成为可被智能机器加工利用的原始物料。当智慧共享体系升华为社会大脑后，可以促使高智慧机器的诞生，进入人机整合共生（陈劲等，2019）和“元宇宙”的全新社会经济形态，通过人机协同、人机结合、人机混合的递进依赖过程，并结合智能科技与智慧共享体系的深度发展，实现“技术—经济—社会大脑”的持续演化与集成优化，形成基于万物互联的共创共生共享的新局面。

（四）数字基础设施赋能区域创新发展的整合成效

数字基础设施是否真正起到了赋能区域创新发展、实现数据要素价值增值和释放的作用，需要综合考察其是否创造了经济、社会和生态等多维整合价值。

经济效益方面，首先是支撑公有数据开放共享平台的建设，加快数据流转速度，奠定地方大数据金矿变现的产业基础。其次是支撑城市大数据生态体系发展，推动城市各部门数据汇聚形成数据生态城市发端的“源泉”。再次是推动信息技术与传统产业融合，赋能产业提质增效转型升级，实现产业与城市共繁荣。最后是通过实现区域数据汇聚，推动区域形成“数据资源”招商新模式，打造政府数据开放与社会数据使用之间相互促进的数据生态发展环境，面向数字核心产业吸引上下游企业共筑数字产业系统，实现区域数字经济的高质量发展。

社会效益方面，首先是通过数字基础设施推动各部门多渠道、多层次、全方位的内部协作，提高城市公共服务的便捷化、高效化和精细化程度，提升政府民生服务质量。其次是驱动数据管理形式变革，有效降低数据治理与服务成本，实现面向使用者的数据资产生命周期管理优化。最后是驱动公共管理模式变革，实现政府部门间信息联动与政务工作协同，提高政策决策的精准性、科学性和预见性，加快区域治理能力与治理体系现代化。

生态效益方面，首先是通过装备新一代智能存储应用系统，促进形成绿色低碳存储体系。其次是依靠先进数据管理系统建设碳中和数据管理体系，对可再生能源的大数据动态统计分析，实现需求预测及峰谷时段电力调剂，减少电力能源废弃的同时，提升可再生能源使用比例及效率。最后是整合区域内工厂的火电使用量、企业清洁能源使用占比、工厂及企业年产出等数据，打通各部门各行业壁垒的信息技术平台，为地方碳交易提供数据支撑和技术保障，加快国家“双碳”战略目标的实现。

五、案例总结与启示

数字基础设施建设是适应新时代发展的重要战略部署，能够为构筑数字驱动型区域创新系统、全面提升国家创新体系效能，进而加速建设数字中国、网络强国增添新动能。党和国家领导人多次强调要加快完善数字基础设施，推进数据资源整合和开放共享，保障数据安全，加快建设数字中国，更好地服务我国经济社会发展和人民生活改善。“十四五”规划也明确提出加快工业互联网、大数据中心等数字基础设施为代表的新基建，是构建新发展格局的重要支撑。

本研究基于城市数据湖的创新实践案例，分析了城市数据湖驱动数字驱动型创新生态建设，进而赋能区域创新发展的概念模型、技术架构和实现路径，并在此基础上进一步提炼了数字基础设施赋能区域创新发展的实现路径和整合价值创造模式。本研究丰富了区域创新系统理论和区域数字化转型相关研究，提炼了数字经济基础设施在推动区域经济创新发展和转型中的模式和作用机制，深化了数字经济促进区域发展的过程机制；并通过扎根案例分析提出了数字驱动型区域创新生态系统的基本框架和生态演化逻辑，拓展了区域创新系统理论。本研究为促进数字经济健康发展，打造现代化经济体系新引擎，促进区域创新与高质量发展提供了重要科学决策和实践启示。

未来，中央和地方各级公共部门需要通过制度、技术和市场多维并举的整合式创新发展政策（尹西明等，2022；陈红花等，2019），重视发挥场景驱动的创新优势，通过有为政府和有效市场结合的方式，加快建设数字驱动型区域创新生态系统（尹西明等，2022；杨伟等，2022），打造区域数字经济与高质量发展的新引擎，有力、有效地支撑数字中国建设。

（一）制度创新和顶层设计引领数字驱动型创新生态建设

数字驱动型创新生态架构建设作为创新的源头活水，建议通过有效的制度安排，鼓励企业更多投入资源用于数字底层技术研发。在新型举国体制下，政府和社会资本均为关键性的投资主体。政府部分必须通过合理的顶层设计引导企业瞄准经济社会发展的重大战略需求，关注市场价值与技术前景，创造更大的经济社会效益，实现对各类主体的有效激励。需要指出的是，关键核心技术攻关新型举国体制并不适用于全部科技领域，政府在数字基础设施建设领域要有所为、有所不为，要集中力量通过“东数西算”等重大工程，解决市场无效的国家重大数字经济基础建设难题，引导鼓励数据要素和数字技术多元应用场景建设，建立健全数字创新生态系统核心架构。

（二）发挥新型举国体制优势和科技领军企业主体优势

在充分发挥新型举国体制优势过程中，要坚持党管数据，充分体现科技领军企业在数据基础设施建设和技术创新中的主体作用。鼓励企业参与关键核心技术攻关，促进数据要素向企业集聚，建立以龙头企业为核心主体、市场为导向、产学研深度融合的数据驱动型技术创新体系。健全数据的市场导向制度，坚决破除制约创新的制度藩篱和区域门槛限制，建立全国统一的数据基础设施标准和数据流动市场，有效支撑全国统一大市场的建设。发挥我国超大规模市场和丰富的应用场景优势，推动数据、技术和场景深度融合，利用数字基础设施释放数字技术和数据要素对区域创新生态系统的协同赋能价值。特别是对于国有企业，在支持原始创新、支持其参与重大科研基础设施建设的基础上，推动重大科研设施、基础研究平台和科学大数据资源开放共享，引导支持市场化主体对数字化基础设施的投资和利用，激励企业提高数字创新绩效。

（三）以融通创新加快数字基础设施市场化发展

“双循环”新发展格局下，企业创新模式需要从单打独斗走向协同创新，社会资源需要从产业链整合走向跨行业、跨界融合。大中小企业融通创新意味着大企业向中小企业开放资源和应用场景，以数据、技术和场景赋能中小企业创新发展；中小企业在新的产业形态下实现快速迭代，创新成果通过创新链、供应链、数据链回流大企业，为大企业注入活力。双方携手共进，加快数字基础设施的融通发展。各地区各部门在推进全国统一大市场建设的过程中，首先要积极引导新兴产业集群发展，支持产业领军企业牵头建立健全数字创新生态体系，为中小企业发展提供强劲引擎。其次应积极鼓励大企业联合科研机构建设公共数据服务平台，向中小企业提供数字创新所需的共性设备和数据库资源，降低中小企业创新成本；引导支持大企业带动中小企业共同建设制造业数字创新中心，建立风险共担、利益共享的协同创新机制，提高数字创新转化效率，通过“大手拉小手”的方式来助力中小企业渡过难关，实现区域高质量可持续发展。

本章主要参考文献

[1] 陈红花，尹西明，陈劲，等 . 2019. 基于整合式创新理论的科技创新生态位研究 [J]. 科学学与科学技术管理，5：3–16.

[2] Chen H H, Yin X M, Chen J, et.al. 2019. Research on scientific and technological innovation niche based on holistic innovation theory[J]. Science of Science Management of S.& T.，5：3–16.

[3] 陈红花，尹西明，陈劲 . 2020. 脱贫长效机制建设的路径模型及优化：基于井冈山市的案例研究 [J]. 中国软科学，2：26–39.

[4] Chen H H, Yin X M, Chen J. 2020. Long–term targeted poverty alleviation model and improvement: Based on the case study of Jinggangshan City[J]. China Soft Science, 2：26–39.

[5] 陈劲 . 2020. 发力营建公共卫生创新公地 [EB/OL]. http://m.eeo.com.cn/2020/0221/376693.shtml, 2020–02–21.

[6] Chen J. 2020. Set Up Efforts to Create Innovation Commons for Public Health. [EB/OL]. http://m.eeo.com.cn/2020/0221/376693.shtml, 2020–02–21.

[7] 陈劲，尹西明 . 2019. 范式跃迁视角下第四代管理学的兴起、特征与使命 [J]. 管理学报，16（1）：1–8.

[8] Chen J, Yin X M. 2019. The emergence, characteristics and mission of fourth–generation management under the paradigm shift perspective[J]. Chinese Journal of Management，16（1）：1–8.

[9] 陈劲，尹西明，梅亮 . 2017. 整合式创新：基于东方智慧的新兴创新范式 [J]. 技术经济，12：1–10，29.

[10] Chen J, Yin X M, Mei L. 2017. Holistic innovation: an emerging innovation paradigm based on eastern wisdom[J]. Technology Economics, 12：1–10，29.

[11] 陈晓萍，徐淑英，樊景立 . 2012. 组织与管理研究的实证方法 [M]. 2 版 . 北京：北京大学出版社 .

[12] Chen X P, Xu S Y, Fan J L. 2012. Empirical Methods and Management Research[M]. 2nd edition. Beijing: Peking University Press.

[13] 康瑾，陈凯华 . 2021. 数字创新发展经济体系：框架、演化与增值效应 [J]. 科研管理，42（4）：1–10.

[14] Kang J, Chen K H. 2021. Digital innovation development economic system: The framework, evolution and value creation effect[J]. Science Research Management, 42（4）：1–10.

[15] 李平，曹仰锋，徐淑英 . 2012. 案例研究方法：理论与范例：凯瑟琳・艾森哈特论文集 [M]. 1 版 . 北京：北京大学出版社 .

[16] Li P, Cao Y F, Xu S Y. 2012. Case Study Research Method: Selected Articles by Kathleen Eisenhardt[M]. 1st edition. Beijing: Peking University Press.

[17] 林拥军 . 2019. 数据湖：新时代数字经济基础设施 [M]. 北京：中共中央党校出版社.

[18] Lin Y J. 2019. Datalake: Digital Economy Infrastructure[M]. Beijing: Party School of the CPC Central Committee Press.

[19] 林镇阳，尹西明，聂耀昱，等 . 2021. 释放数据要素价值　加快构建新发展格局 [EB/OL]. 新华网，https://wap.gmdaily.cn/article/c7aaf32a042949189374c02f40b81674，2021–04–01.

[20] Lin Z Y, Yin X M, Nie Y Y, et al. 2021. Release Data Element Value for the New Growth Pattern[EB/OL]. Xinhua Net, https://wap.gmdaily.cn/article/c7aaf32a042949189374c02f40b81674, 2021-04-01.

[21] 刘淑春，闫津臣，张思雪，等 . 2021. 企业管理数字化变革能提升投入产出效率吗 [J]. 管理世界，37（5）：170–190，13.

[22] Liu S C, Yan J C, Zhang S X, et al. 2021. Can corporate digital transformation promote input–output efficiency? [J] Management World, 37（5）：170–190，13.

[23] 刘洋，陈晓东 . 2021. 中国数字经济发展对产业结构升级的影响 [J]. 经济与管理研究，42（8）：15–29.

[24] Liu Y, Chen X D. 2021. The effect of digital economy on industrial structure upgrade in China[J]. Research on Economics and Management, 42（8）：15–29.

[25] 刘洋，董久钰，魏江 . 2020. 数字创新管理：理论框架与未来研究 [J]. 管理世界，36（7）：198–217，219.

[26] Liu Y, Dong J Y, Wei J. 2020. Digital innovation management: Theoretical framework and future research[J]. Management World, 36（7）：198–217，219.

[27] 柳卸林，董彩婷，丁雪辰 . 2020. 数字创新时代：中国的机遇与挑战 [J]. 科学学与科学技术管理，41（6）：3–15.

[28] Liu X L, Dong C T, Ding X C. 2020. Innovation in the digital world: The opportunities and challenges of China[J]. Science of Science Management of S.& T.，5：3–16.

[29] 马建堂 . 2021. 建设高标准市场体系与构建新发展格局 [J].

管理世界，37（5）：1–10.

[30] Ma J T. 2021. Build high standard market system and construct new development pattern[J]. Management World, 37（5）：1–10.

[31] 梅春，林敏华，程飞 . 2021. 本地锦标赛激励与企业创新产出 [J]. 南开管理评论（网络首发）：1–31.

[32] Mei C, Lin M H, Cheng F. 2021. Local tournament incentives and firm innovation output？[J] Nankai Business Review, In–press.

[33] 孙新波，张媛，王永霞，等 . 2021. 数字价值创造：研究框架与展望 [J]. 外国经济与管理，43（10）：35–49.

[34] Sun X B, Zhang Y, Wang Y X, et al. 2021. Digital value creation: Research Framework and prospects[J]. Foreign Economic & Management, 43（10）：35–49.

[35] 万晓榆，罗焱卿 . 2022. 数字经济发展水平测度及其对全要素生产率的影响效应 [J]. 改革，1：101–118.

[36] Wan X Y, Luo Y Q. 2022. Measurement of digital economy development level and its effect on total factor productivity[J] Reform, 1：101–118.

[37] 温珺，阎志军，程愚 . 2020. 数字经济驱动创新效应研究：基于省际面板数据的回归 [J]. 经济体制改革，3：31–38.

[38] Wen J, Yan Z J, Cheng Y. 2020. Research on the effect of digital economy on upgrading innovation capacity: Based on provincial–level panel data[J]. Reform of Economic System, 3：31–38.

[39] 习近平 . 2022. 不断做强做优做大我国数字经济 [J/OL]. 求是，2，http://www.qstheory.cn/dukan/qs/2022–01/15/c_1128261632.htm, 2022–03–06.

[40] Xi J P. 2022. Continue to strengthen, improve and expand China's digital economy[J/OL]. Qiu Shi, 2，http://www.qstheory.cn/dukan/qs/2022-01/15/c_1128261632.htm, 2022-03-06.

[41] 杨伟，劳晓云，周青，等 . 2022. 区域数字创新生态系统韧性的治理利基组态 [J]. 科学学研究，40（3）：534-544.

[42] Yang W, Lao X Y, Zhou Q, et al. 2022. The governance niche configurations for the resilience of regional digital innovation ecosystem[J]. Studies in Science of Science, 40（3）：534-544.

[43] 尹西明，陈劲 . 2022. 产业数字化动态能力：源起、内涵与理论框架 [J]. 社会科学辑刊，4：114-123.

[44] Yin X M, Chen J. 2022. Industrial dynamic capability: Origin, connotation and framework[J]. Social Science Journal, 4：114-123.

[45] 尹西明，林镇阳，陈劲，等 . 2022.“数据权属—参与主体—角色功能”视角下数据要素价值化架构设计与机制研究 [J]. 数字创新评论，1：53-64.

[46] Yin X M, Lin Z Y, Chen J, et al. 2022. Research on the architecture design and mechanism of the valorization of data elements from the "ownership-subject-role" perspective[J]. Digital Innovation Review, 1：53-64.

[47] 尹西明，林镇阳，陈劲，等 . 2022. 数据要素价值化动态过程机制研究 [J]. 科学学研究，40（2）：220-229.

[48] Yin X M, Lin Z Y, Chen J, et al. 2022. Research on the dynamic value creation process of data element[J]. Studies in Science of Science, 40（2）：220-229.

[49] 尹西明，林镇阳，陈劲，等 . 2022. 数据要素价值化生态系统建构与市场化配置机制研究 [J]. 科技进步与对策，网络首发.

[50] Yin X M, Lin Z Y, Chen J, et al. 2022. Research on the value ecosystem construction and market allocation mechanism of data element[J]. S&T Progress and Policy, In–press.

[51] 俞伯阳 . 2022. 数字经济、要素市场化配置与区域创新能力 [J]. 经济与管理，36（2）：36–42.

[52] Yu B Y. 2022. Digital economy, market–oriented allocation of factors, and regional innovation capability[J]. Economy and Management, 36（2）：36–42.

[53] 赵涛，张智，梁上坤 . 2020. 数字经济、创业活跃度与高质量发展：来自中国城市的经验证据 [J]. 管理世界，36（10）：65–76.

[54] Zhao T, Zhang Z, Liang S K. 2020. Digital economy, entrepreneurship and high–quality economic development: Empirical evidence from urban China[J]. Management World, 36（10）：65–76.

[55] 中国信息通信研究院，华为 . 2019. 数据基础设施白皮书 2019[R/OL]. http://www.caict.ac.cn/kxyj/qwfb/bps/201911/P020191118645668782762.pdf, 2019–11–21.

[56] CAICT, Huawei. 2019. Data infrastructure report 2019[R/OL]. http://www.caict.ac.cn/kxyj/qwfb/bps/201911/P020191118645668782762.pdf, 2019–11–21.

[57] 周青，王燕灵，杨伟 . 2020. 数字化水平对创新绩效影响的实证研究：基于浙江省 73 个县（区、市）的面板数据 [J].

科研管理，41（7）：120–129.

[58] Zhou Q, Wang Y L, Yang W. 2020. An empirical study of the impact of digital level on innovation performance: A study based on the panel data of 73 counties（districts, cities）of Zhejiang Province[J]. Science Research Management, 41（7）：120–129.

[59] Eisenhardt K M. 1989. Building theories from case study research[J]. Academy of Management Review, 14（4）：532–550.

[60] Eisenhardt K M. 2021. What is the Eisenhardt Method, really?[J]. Strategic Organization, 19（1）：147–160.

[61] Porter M, Heppelmann J. 2014. How smart, connected products are transforming competition[J]. Harvard Business Review, 11：96–114.

[62] Woods D. 2015. James dixon imagines a data lake that matters [EB/OL]. Forbes, https://www.forbes.com/sites/danwoods/2015/01/26/james-dixon-imagines-a-data-lake-that-matters/，2015-01-26.

[63] Yin R K. 2017. Case Study Research and Applications: Design and Methods[M]. Sixth edition. Thousand Oaks, CA: Sage Publications.

第十五章 场景驱动数据要素资产化——数据信托探索与实践

数据要素自成为新型生产要素以来，逐渐从资源化阶段迈向资产化阶段，关于数据要素资产化的顶层设计不断丰富。2022 年 12 月颁布的《关于构建数据基础制度更好发挥数据要素作用的意见》提出要“依法依规维护数据资源资产权益，探索数据资产入表新模式”，助推数据要素资产化探索驶入快车道。2023 年 7 月，财政部印发《企业数据资源相关会计处理暂行规定》，指出从 2024 年 1 月起，数据要素正式进入资产负债表，这标志着其完成从自然资源向经济资产的跨越，数据要素的红利将全面释放。

在此背景下，数据要素资产化进程不断加快，各地都在结合应用场景，积极探索数据资产化道路。2023 年 3 月，深圳数据交易所联合光大银行为微言科技完成全国首笔无质押数据资产增信贷款；2023 年 4 月，深圳数据交易所与数交数据经纪有限公司、中诚信托、粤港澳大湾区大数据中心推出全国首个场内数据信托产品——中诚信托数据资产 1 号财产权信托；2023 年 8 月，青岛华通智能科技研究院有限公司、青岛北岸控股集团有限责任公司、翼方健数（山东）信息科技有限公司进行全国首例数据资产作价入股签约仪式；2023 年 11 月，上海数据交易所向数库科技颁发首个 DCB（Data-capital Bridge）数据资产凭证，牵头数库科技与北京银行上海分行刷新全国数据资产质押融资的最高额度纪录……

数据要素资产化形式持续创新，市场实践不断丰富，不仅为企业提供了更多样化的数字变现途径，也为投资者提供了更灵活的投资工具，进一步为加快数据要素赋能数实融合，推动数字经济高质量发展提供不竭动力。

一、场景驱动数据要素资产化的理论基础

数据要素具有“5I”的社会属性数据整合（Integration）、数据融通（Interconnection）、数据洞察（Insight）、数据赋能（Improvement）以及数据复用（Iteration），同一数据可以组合形成多元数据产品，实现多场景价值释放，数据资产在其实现价值的过程中，也会因场景不同而产生不同的资产化形式与获利方式。我国拥有海量的数据基础和丰富的应用场景优势，数据要素资产化需针对实际场景需求，才能更好地发挥数据要素在各行各业地应用价值，真正赋能经济和社会发展。CDM（Context-Data-Match）机制为数据要素如何面向多维场景形成数据资产，推动数据资产在不同场景下的最大化价值。

（一）场景需求精准识别

CDM 机制通过深度场景分析，实时、精准地识别和定位每个场景的具体数据要素需求，完成数据要素在不同场景的最优配置，保证所提供的数据及其组成的数据资产能够真正满足场景特定需求，提高数据利用效率，提高数据要素在场景中的适应性和价值，实现最大化的数据价值。

（二）数据资产与场景智能匹配

CDM 机制的核心在于数据资产与场景匹配，需要了解组织中的现有数据资产，并对其进行分类，确定哪些数据资产与特定场景的需求高度匹配，结合场景需求进一步开发或整合，确保数据能够在不同场景下得到最优化的应用。通过数据资产与场景的精准匹配，不仅能够帮助企业提升商业价值，提高其市场灵活性和适应性，更能帮助企业更快速、直接地将符合场景需求的数据资产转化为商业收入，加速资产变现过程。

（三）场景价值协同释放

CDM 机制基于数据价值分析，挖掘数据在不同场景中的实际贡献和影响，利用人工智能、机器学习、区块链等技术支持，优化数据的配置和应用，推动场景价值升级，并鼓励各创新主体在场景中共享要素、共创价值，推动数据要素协同增值，价值全面释放。

（四）数据资产化形式创新

资产化形式持续创新的关键在于对不同场景需求和行业发展趋势的深入了解，面向不同场景与生态伙伴，探索和提供多样化的数据资产化形式，包括信托产品、无质押贷款、资产入股等，从而更灵活地适应不同场景的需求，实现数据在生态系统中更高效、广泛的价值流动。

二、场景驱动数据信托设计的典型案例

数据信托是数据资产化的重要创新举措，依托信托制度，数据信

托强调信托财产的使用、管理、处分权在不同主体间的赋予，巧妙地避免了数据产品定价问题，高度响应了“数据二十条”中淡化所有权、强调使用权的产权观点，可应用于数据跨境流通、数据资产融资、数据合规交易等领域。数据信托的设计需要结合特定场景需求，以满足各方需求并推动数字经济发展（图 15-1）。其中，深数所与中诚信托、数交数据经纪有限公司等联合设计的全国首个场内数据信托产品——中诚信托数据资产 1 号财产权信托项目于 2023 年 4 月 19 日成功提交监管备案，彰显着数据资产化的深圳实践。

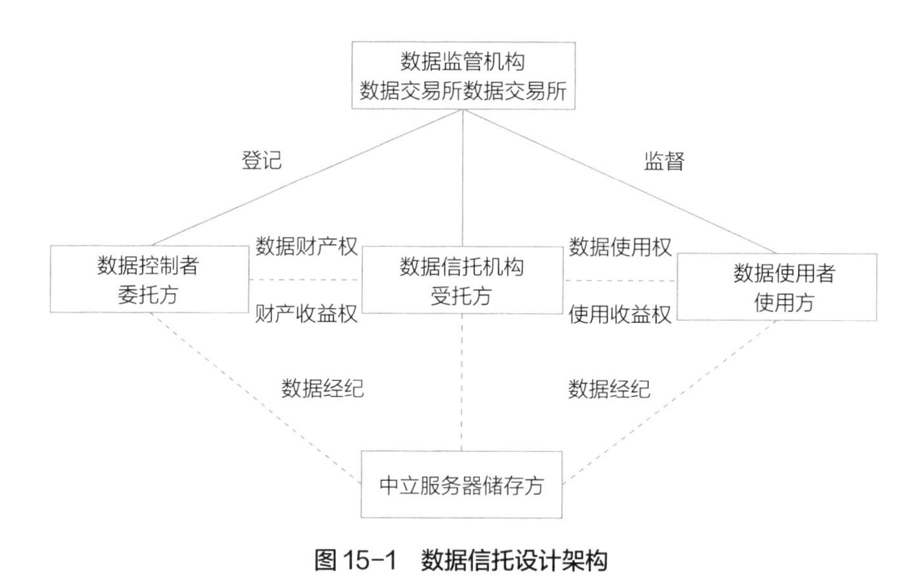

图 15-1　数据信托设计架构

（一）场景需求识别

房谱科技作为委托人和受益人，将数据委托给中诚信托，在此过程中，各方主体对双方的真实场景需求进行准确识别，通过确立各主体及其权利分置，保证数据安全流通、合规交易，进而设计了中诚信托数据资产 1 号财产权信托计划。

（二）多元主体合作

数据信托的设计场景是考虑到了不同主体在数据资产化过程中的角色和需求，由多方共同构建的。其中房谱科技作为委托人和受益人，将其数据作为信托财产委托给中诚信托进行管理控制，中诚信托作为受托人设立中诚信托数据资产 1 号财产权信托计划，将数据放置于粤港澳大湾区大数据中心这一中立服务器中，并使得数据资产在信托计划期间拥有稳定、可计量的权益；数交数据经纪公司作为数据经纪人，接受委托并发布信托指令，同时作为数据经纪人推动数据产品在深数所结算登记；深数所作为数据监管机构，发挥结算登记和合规监管作用。

（三）数据信托计划与场景匹配

结合场景，数据信托计划的设定需要适应不同场景中数据资产的周期性需求，从而保证数据信托计划与场景匹配，确保数据在信托计划期间具有稳定、可计量的权益。

（四）数据信托价值释放

首单场内数据交易的实践彰显了场景驱动数据信托设计的关键特征和优势，充分释放了数据信托在应用场景下的数据资产的高价值。首先，通过信托计划，数据资产在某一期间内拥有稳定的权益，提高了数据资产的流动性和市场定价的可预测性及可视化的流动性，使其能够更加灵活地参与市场交易。其次，随着数据资产在市场中流通，其权属价值相对稳定，使得数据资产具备金融属性，为其在资本市场买卖、权利转让等方面提供了更多可能性。再次，数据信托强调信息披露的公开透明性，遵守资本市场交易规则，接受市场监督和检验，确保参与者能够清晰了解数据资产的状况。最后，通过权利转让和收益参与资本市场的买卖，数据信托进一步规范化，吸引更多参与者参与数据交易，从而推动数字经济更健康地发展。

总体而言，场景驱动数据信托的设计和探索显得尤为重要。通过深入了解不同场景的需求，实现了数据信托的多元主体合作，为数据要素更好地适应不同行业和领域的需求，提高数据要素资产化的效果和可持续性，推动数字经济的多层面发展提供了有益的经验和范例。

三、案例总结与启示

深数所与中诚信托、数交数据经纪公司合作设计的全国首个场内数据信托产品——中诚信托数据资产 1 号财产权信托项目，已成为数据资产化的新里程碑。通过场景需求的精准识别，数据信托计划与实际场景需求精准匹配，数据资产的价值流动更加灵活高效，为数据要素资产化创新主体围绕 CDM 机制开展数据资产化提供了深刻的经验和启示，通过制定场景导向的数据资产化战略和数据管理体系、打造组织内外的开放创新生态、鼓励场景驱动数据资产化创新共同打造数字经济时代多元主体合作和场景驱动数据要素资产化的典范。

（一）制定场景导向的数据资产化战略和数据管理体系

企业应该根据各个场景的需求，制定差异化的数据资产化战略，包括深入了解不同场景的特点，明确数据在每个场景中的关键价值，并据此调整数据资产化的方向与优先级。与此同时，构建与场景驱动相匹配的数据管理体系，确保数据能够在全生命周期内服务于不同场景的需求，包括数据采集、存储、处理、分析等环节的灵活性和智能性。

（二）打造组织内外的开放创新生态

数据要素资产化的创新主体需要打造组织内外的开放创新生态。一方面，打破部门壁垒，促进不同部门之间的信息共享与协同工作，通过建立跨部门的数据共享平台，实现多场景数据的整合，提高数据的复用率，降低重复采集与处理的成本；另一方面，打造开放式的外部创新生态，鼓励企业间的产业协同创新，通过产学研合作、联合研发等方式，推动不同领域的企业共同参与场景驱动数据资产化创新，形成协同效应。通过共建共享的方式，推动数据在不同场景中的价值最大化，形成更为健康和可持续的数据要素资产化生态。

（三）鼓励场景驱动数据资产化创新

鼓励场景驱动数据资产化创新是数字经济高质量发展的关键一环。第一，需要制定多层次、差异化的相关政策，通过税收激励、创新基金资助和技术支持等鼓励相关企业开展场景驱动数据要素资产化创新。第二，通过设立场景创新孵化平台，支持创新型企业具有场景和数据匹配思维的人才，帮助其更好地落地和推进数据资产化创新项目。第三，重视场景中的数据资产化技术创新，通过开源社群、定期专家沙龙等促使企业了解最新技术趋势，提高场景驱动数据资产化创新的技术水平。第四，建立专门的融资渠道，支持有前景的场景驱动数据资产化创新项目，降低融资门槛，吸引更多投资，快速将项目落地，充分释放场景价值。

政策建议篇

第十六章

释放数据要素价值　加快构建新发展格局

全球新冠疫情的暴发凸显了释放数字要素价值、加速国家治理数字化转型、加快构建新发展格局的紧迫性与战略重要性。处在新发展阶段，我国在完善数据要素市场化配置方面还有完善空间，主要集中在战略地位有待提升、核心技术尚未成熟、价值利用效率低、组织机构定位不清、制度法律不完备等方面。基于此，我们团队进行了相关研究与探索，并从多个层面提出了完善建议。

数据已经成为经济社会发展的重要基础性资源和生产要素，数字经济正成为大国竞争新的制高点，更是新时期我国畅通国内国际双循环、促进经济社会高质量可持续发展、实现从追赶、超越到引领的新动能。构建新发展格局，要加快推进数字经济、智能制造等战略性新兴产业，形成更多新增长点、增长极。具体到落实层面，需要准确把握数据要素市场化配置的新时期战略意义，客观认识数据要素价值化的现实挑战，针对性完善数据要素价值化市场配置体系，从而打通数据要素融通壁垒，不断完善中国特色数据要素价值化生态与治理体系。

一、准确把握新时期推进数据要素市场化配置的战略意义

（一）数据要素是推动新一轮产业革命的核心资源

每一次核心生产要素的调整不仅是技术—经济范式的变革，更是认知模式和管理范式的跃迁。在农业经济时代，土地和劳动力是核心生产要素，而随着工业革命的推进它们逐渐让位于技术和资本生产要素。如今生产要素的概念范畴伴随着数据新要素的出现而具备了新的内涵和时代意义。由于数据要素具有可共享、可复制、可无限供给等特征，使得数字要素驱动的创新不但加快了产业、组织和治理边界的模糊性，而且具备自生长性等迭代创新的特征。传统劳动和资本等生产要素依靠投入规模的扩大来拉动经济增长的潜力越来越小，而数据要素具有边际产出和规模报酬递增的特征，数据要素的加入能够促进所有生产要素之间形成密切的连接和交互关系，优化生产资本结构，有效整合技术流、物质流、资金流和人才流，提升全要素生产率、推动产业进步和包容性增长，是引领经济增长的关键动力与核心力量。

（二）数据要素是经济稳定增长的强动力

大力发展数字经济是应对错综复杂的国际环境带来的新矛盾新挑战、重塑我国国际合作和竞争新优势的战略抉择。通过汇聚数据要素资源，充分发挥算力、算法的优势，加快构建开放、共享、共赢的数据创新生态，开展技术创新、产品创新、模式创新，推进新业态发展，同时利用新技术新应用推动产业数字化，对传统产业进行全方位、全角度、全链条改造，提高全要素生产率，释放数字对产业发展的放大、叠加、倍增作用，最大程度发挥其“乘数效应”，能够更好地推动产

业转型升级和实体经济高效、高质量发展，进而推动全球范围内的数据要素高速流动、融合共享和开放应用，释放数据红利，聚合并构建一个多层级多产业、能够实现国内高质量稳定增长、国际辐射带动能力强劲的现代化经济体系。

（三）数据要素是推进社会现代化发展的重要抓手

数据要素市场化配置将在城市精细化管理和发展、民生服务水平提升、双创环境构建等多个方面起到积极的促进作用。首先，基于对政府、企业以及个体大数据的积累和应用，能够助力政府管理实现数字化升级，实现管理高效、精细的新型政府。其次，通过构建新型智慧城市和智慧社会，开展城市大交通、大安全和大健康体系及智慧医疗、智慧教育等业务，依靠数据要素“全场景应用”下的智能管控和服务，能够提升地方政府的整体治理能力和民生生活水平。最后，数据要素汇聚的同时将吸引一大批高精尖人才汇集，加速资本集聚，催生新技术、新发明，激活各类创新主体，孵化优秀创业项目，促进大众创业、万众创新，为城市发展注入新活力、增加新动能，加速城市发展。

二、客观认识数据要素价值化市场化配置的现实挑战

（一）核心技术尚未成熟、价值利用效率低下

首先，大数据时代数据的爆发增长，给海量数据存储的高成本、高耗能以及其所配备的庞大的数据计算网络带来了巨大挑战。其次，基于多方安全计算、可信计算、联邦计算和区块链等解决数据授权访问、隐私保护等过程的主要技术支撑尚未成熟，导致很多数据拥有者

因个人隐私或企业机密泄露而不敢参与数据流通。最后，数据处理方式单一、处理技术能力不足等原因导致了数据治理的低效性和开发利用的复杂性，未能最大限度地提取出数据中的价值。

（二）组织机构定位不清、制度法律有待完备

首先，目前对于数据汇集、数据确权、开放共享、开发利用、数据融通等方面，各省市大多采取工信、网信、大数据等多部门共同治理的模式，监管主体并不十分明确，当遇到数据要素相关纠纷时，很难得到有效处理。其次，由于顶层设计缺失与数据标准不统一等历史原因，政府各部门和各层级间不敢、不愿、不能开放数据，不同数据来源平台数据格式标准不一，数据烟囱、信息孤岛和重复冗余应用等问题一直存在。最后，国内缺乏针对数据要素价值化过程的专项法律法规，相关条文零散分布在《网络安全法》《电子商务法》《数据安全法》《个人信息保护法》等法律中。随着数字经济日益蓬勃发展，数据要素的生命周期历程愈加复杂多变，聚焦数据要素价值化的专项行政立法、行业标准和市场准则研究亟须突破。

三、技术—制度—生态协同，加速数据要素价值化

（一）推进技术创新，加速数据要素价值化

首先，在“新基建”“新要素”的国家政策指引下，落实“技术先行”理念，鼓励市场为数据要素融通夯实技术底座，加快5G网络基站、大数据中心、工业互联网等新型基础设施落地，同时加大对传统基础设施的数字化改造，引导企业、行业加快数字化转型，推动社会经济转型升级。其次，要深化产业融通理论与技术实践研究，为加

强原始创新提供持续性的理论和实践指导。加大稳定、多元的研发投入和成果扶持力度，同时开设数据交易示范区进行实践尝试和探索，通过敏捷迭代探索出一条可行的数据要素融通链路。最后，积极推动政产学研用间的深度合作，深化多元主体协同和整合式创新，通过优化创新创业的资源投入和配置，营造积极向上的创新创业氛围，为数据融通技术和理论的研究提供人才政策和资金支持，在科技创新、产品创新、科技人才培养等方面调动“政产学研用”的多方资源优势，使协同创新和融通发展成为完善数据要素市场化配置的重要战略支撑。

（二）加强制度创新，打通数据要素融通壁垒

面向数据要素价值化的制度创新，包括产权、法律法规和激励相容的政策等制度设计，以及组织、决策、执行和奖惩体系的建构与优化，是加速数字技术创新和数据要素价值化过程以及提质增效的保障。对此，首先要强化数据要素融通制度保障，加快标准和立法建设，优化数据交易环境，加大监管力度，借鉴国内外先进经验，逐步探索建立国家层面和结合各地实际情况的数据交易法律法规和行业标准。其次，要顺应开放科学和开放式创新的全球趋势，加快数据开放进程，与数据增值交易形成良性互动，建构数字经济时代的创新公地。加快研究和出台以政府数据为代表的公共数据的新型国有资产管理办法。在保障数据安全和隐私保护的前提下，着力打通政府机构部门数据壁垒，实现数据资源要素的统一管理，合理合法开放共享，推动数据要素增值更好地服务于科学研究、社会治理、民生生活、经济发展。在充分考虑区域性、行业性发展需求的基础上，将相互分隔、互不协调的数据中心，跨地区、跨系统地有机融合形成具有协同效力的国家级一体化大数据中心。最后，要更好发挥政府在数据要素市场

建设中的引导作用，把握全球数字经济发展的重大战略机遇期，加强政策扶持力度，支持数字经济集群和数据融通示范区的建设，推动数字经济产业规模化、普惠性发展，不断缩小城乡数字鸿沟，为解决贫困、乡村振兴、老龄化等问题提供数字化解决方案，带动经济包容性增长。

（三）完善数据要素的价值化生态及其治理体系

首先是要构建国家、区域和全球数据要素的新型价值化生态。一是要坚持和加强党的领导，为充分发挥我国数据生产和数据消费超大规模优势，加快推动数字经济发展提供长期稳定的政治、经济、社会环境。二是要完善新型举国体制，将市场配置要素资源的基础性优势和政府科学引导发展的战略与制度优势相结合，加快树立数字经济的国际引领地位。三是要确立正确的发展道路，明确数据要素价值化的根本目的是为了坚持和完善中国特色社会主义，在全球数字经济竞争中维护中国国家数据主权，打造数据强国，更好地服务于国家富强、人民富裕的战略规划，更好地构建双循环新发展格局。面向国际，要积极参与区域性和全球性数据要素价值化生态体系，以平等互惠、开放包容的方式建构新型区域和全球数字经济发展格局，推动全球数字经济可持续发展和人类命运共同体建设。

其次是要进一步完善数字经济治理体系。数据要素价值化的健康发展离不开现代化治理体系的建设和完善。一是要加快发展区块链等以信息化、智能化技术为基础的新型信息化治理工具。利用区块链技术的信息共享优势打造数字经济平台，充分发挥其难以篡改的属性，实现对不合规行为的有效监督。二是推动信息化、智能化与法治结合，综合运用“互联网+”、大数据平台及“区块链+”等多种信息技术工具，共同构建完善的新型数字经济法治体系。三是推进民主自治和多方共治。通过区块链等技术保证信息的可信性与透明性，加快推进分布式、本地化的高效决策，将每个经济单元和个体由被动者转变为主动者，使其参与到公共治理的过程中，不断降低数字经济民主自治的监督成本。

第十七章

多措并举推进国家数据安全建设和数字经济高质量发展

2020 年，中共中央、国务院《关于构建更加完善的要素市场市场化配置体制机制的意见》明确将数据要素列为与土地、劳动力、技术、资本并齐的新的生产要素。2020 年党的十九届五中全会和 2021 年的“十四五”规划更突出强调要“发展数字经济，推进数字产业化和产业数字化，推动数字经济和实体经济深度融合，打造具有国际竞争力的数字产业集群”。当前，以数据为新型基础性生产要素的数字经济已成为我国经济高质量增长的主引擎，成为落实国家重大战略和构建国内国际双循环新发展格局的重要力量。

但数据要素在加速数字经济发展的同时，伴生的国家数据安全问题日益突出和严峻。如何在确保数据安全的前提下，有效破解数据要素市场化配置、数据权属界定与存储流动规则、数据价值识别与发现、数据赋能企业创新与社会治理等诸多挑战，突破数据要素价值化的“二元悖论”，加快完善中国数字经济发展的底层基础设施、加快数字经济与实体经济融合，最大化释放数据要素对加快推进数字产业化和产业数字化、实现高质量发展的价值，是当下亟须解决的重大理论和政策实践问题。

一、推进数据银行建设，破解可信数据要素价值化难题

针对统筹解决数据安全和推动数字经济高质量发展这一战略性议题，数据银行或可成为一种破解数据资产交易“二元悖论”，在保障数据安全的前提下最大化发挥数据要素在“采—存—治—用—易—管”的动态流通过程机制中的市场化配置和价值实现的突破口，为进一步构建数据要素驱动型区域和国家创新生态系统提供创新发展新引擎。

数据银行是指构建在高速分布式存储网络上的数据中心，可将网络中大量不同类型的存储设备通过应用软件集合起来协同工作，形成一个安全的数据存储和访问系统，适用于各大中小型企业与个人用户的数据资料存储、备份、归档等一系列需求。在具体使用过程中，数据银行可以通过对数据要素的“低成本汇聚、规范化确权、高效率治理、资产化交易和全场景应用”五个环节，打通数字要素的技术层、运营模式层和数字经济层三个层次，实现数据的高效汇聚、确权、治理、融通、交易和应用，以“场景驱动—可靠数据—可信运营”实现“数据—算法—场景”的三维整合，统筹国家数据安全与数字经济高质量发展，加快数据要素资产化和价值化，释放数据红利的多维价值。

在构建数据要素驱动的区域创新生态系统的过程中，应以数字技术创新与数字商业模式创新为支撑，二者协同，整合驱动培育新兴业态，最终实现数据赋能政府治理、产业发展、招商引资和投资孵化等开放发展生态，以数据流带动商流、物流、人才流、技术流和资金流，实现数据资源全面、迅速、智能融合共享和创新应用，成为产业创新的孵化器、经济发展的加速器、城市转型的腾飞器。

二、三措并举，加快国家数据安全治理，保障数字经济高质量发展

一是强化国有企业在保障国家数据安全、推进数据要素资产化的主导性、平台性、引领性作用。充分发挥新型举国体制优势，强化国有企业在数据基础设施建设和技术创新中的主体作用。鼓励企业参与关键核心技术攻关，促进数据要素向企业集聚，建立以企业为主体、市场为导向、产学研深度融合的数据驱动型技术创新体系。健全数据的市场导向制度，破除制约创新的制度藩篱，鼓励和支持企业建立研发机构、加大研发投入，参与和主导国家重大科技项目，开展原创性研究。发挥我国超大市场规模优势，推动技术和产业协同发展，打通融合创新链、产业链、价值链，进一步提升区域创新生态系统的整体效能。

二是探索和深化以数据银行为代表的数据要素资产化动态机制。坚持政府引导和市场机制相结合的原则，政企协同，多元参与，强化数据要素融通制度保障，充分挖掘和培育数据要素市场新业态和数字经济发展新模式，通过制度创新和技术创新双轮驱动，打通数据要素融通环节的壁垒，打造以“数据银行”为抓手的数据融通新生态，构建和完善中国特色数据要素价值化生态系统，维护国家数字主权，加快探索中国特色数字经济道路。抓住全球数字经济发展的战略机遇，积极参与区域和全球数据要素价值化合作与机制创新，打造新型区域性和全球性数据要素价值化生态系统，为提升国民经济运行效率、畅通国内大循环提供数据要素支撑，为畅通国内国际双循环、促进区域和全球数字经济健康可持续发展贡献中国力量、中国方案和中国智慧。

三是制度创新引领和完善数据要素驱动型区域创新生态系统。数据驱动型创新生态架构建设作为创新的源头活水，建议通过有效的制度安排，鼓励企业更多地投入资源用于研究开发，加强产业技术研发

和创新领域的国际合作，更好地利用国际最优秀的创新和研发资源等。特别是在新型举国体制下，政府须通过合理的顶层设计来引导企业瞄准经济社会发展的重大战略需求，关注市场价值与技术前景，实现对各类市场主体的有效激励，创造更大的经济社会效益。尤其是在新发展格局下，需要结合国家战略布局、国际竞争态势、行业发展大势、社会各方需求进行综合论证评估，集中科技资源要素专注于国家重大基础与核心能力领域，聚焦关乎国家安全、易被“卡脖子”的领域，加快推进数字创新生态系统的构建。

第十八章 建设新型数据基础设施　加快实现碳达峰、碳中和战略目标

数据基础设施是建设数字中国的关键基础设施，也是实现碳达峰、碳中和目标的重要一环。当前，破解节能减排和保障高质量发展的能源需求的矛盾、整合推动能源结构转型升级和产业绿色低碳发展助力双碳目标的路径与机制仍面临多重挑战。结合数据要素驱动创新发展和数据基础设施赋能行业数智化的本质特征，建议系统建构“数据—机制—使能”过程视角下数据基础设施赋能双碳的系统创新框架，建设以碳中和数据银行为代表的新型数据基础设施，助力碳达峰、碳中和，实现多维价值创造，从而为推动数字中国战略与双碳战略协同实施，实现数字要素引领高质量可持续发展提供持续力量。

一、数据基础设施是数字赋能碳达峰、碳中和的基石

以数据为核心要素的数字经济正深刻影响着政务服务创新、生态文明建设、科技创新及产业结构调整，成为加快数字中国建设、构建新发展格局、推动高质量发展的核心议题。

为推动实现“双碳”战略目标，2021 年 10 月，党中央、国务院陆续印发了《关于完整准确全面贯彻新发展理念做好碳达峰、碳中和

工作的意见》和《2030年前碳达峰行动方案》，形成碳达峰、碳中和行动方案的顶层设计，相关机构也陆续发布了重点领域和行业碳达峰实施方案，构建起“双碳”的“1+N”政策体系。碳达峰、碳中和不仅是能源部门的系统性颠覆和绿色化革命，也是一场广泛而深刻的经济社会系统性变革，涉及经济、社会、科技、环境、观念等方面，更是整个中国经济基础和制造业的重构以及整个增长模式的根本变化，将对现有经济运行基础和生产生活方式产生巨大的影响和改变，更需要多管齐下全力推动全社会加速向绿色化、低碳化、智能化转型。

数据要素的自然属性和社会属性特征及数字技术对产业和创新体系的重构能力，可推动数据要素的边际产出和规模报酬递增，推进数字技术赋能工业、能源等高排放行业的低碳化、智能化、数字化转型，使得以产业数字化和数字产业化为特征的数字经济成为中国中长期低碳路径转型的关键选择和崭新动能。

二、数据基础设施赋能碳达峰、碳中和面临多重挑战

“十四五”时期是我国实现碳达峰及转向碳中和的关键窗口期，但实现碳达峰、碳中和时间紧、任务重，面临一系列重大挑战。例如，部分地方政府和企业对“双碳”认识不足，开展运动式减碳；地方政府和重点企业对自身碳排放情况和生态系统碳汇能力缺乏清晰认识，缺少系统性、全局性、长远性的“双碳”行动方案。对此我国绿色低碳转型亟须摆脱路径依赖，需要通过数字化手段实现转型升级和跨越发展。

数据基础设施作为数字经济时代的底层和关键基础设施，发挥着关键支撑作用。一方面，数据基础设施对电网有着需求侧调节作用，具备电力实时响应、可转移及调节能力，促进电力资源的优化合理分配，从而降低能源消费和用电负荷；另一方面，数据基础设施和数字

经济的发展短期内也存在高能耗的问题。据数据显示：2020 年国内数据中心的年耗电量为 2 045 亿千瓦时，占全社会用电量的 2.7%。随着数字经济的持续发展，数据基础设施的耗电量和二氧化碳排放量将会持续提升。对此，必须客观认识数据基础设施与碳达峰、碳中和的战略性协同关系与面临的多重挑战。

（一）数据基础设施绿色低碳运行成本高、压力大

数据要素是数字经济时代的核心战略资源，但数据存储成本高、算力能耗高，给数字经济可持续发展和数据要素价值化带来巨大挑战。《2019 中国企业绿色计算与可持续发展研究报告》指出，我国 85% 的数据中心 PUE 值为 1.5 至 2.0，运维能耗成本占总成本的 40% 至 60%，且磁盘列阵每隔 3 到 5 年就需进行设备更换，大量淘汰的设备也存在资源浪费、环境污染的风险，更不利于数据中心实现海量数据的长期永久存储，数据基础设施绿色低碳运行面临巨大压力。

（二）区域行业数智化、低碳化高质量发展协同难

当前科技发展呈现数智化和低碳化两个趋势，高质量发展目标的实现，需要在区域和行业两个层面同时兼顾这两个趋势。区域层面上，我国区域发展差异大，无法保证绿色化数据基础设施建设运营和地方发展能够齐头并进，区域数智化、低碳化高质量发展协同难；行业层面上，实现“双碳”目标面临包括政策、技术、标准、国际接轨等在内的一系列难题和挑战，加之数智化和低碳化未完全融合，需要破解产业、法律、科技、制度、金融、安全等多行业多领域全方位协同的阻碍。

实现“双碳”战略目标是一项系统工程，有着多线程、多路径

的目标实现路径。产业绿色转型是“双碳”目标的核心关键，推进绿色转型需要培育新兴产业、汇聚产业集群、科技创新驱动。碳中和是“双碳”目标的标准尺度，无论是政府、企业、个人，还是区域和城市，都需要有具体的评价标准和明确的实施规范，来度量实现碳中和的进展程度。建设美丽生态和美好生活是“双碳”目标的终极目的，需要发挥政策、法律、财税、金融等多种工具，支持碳中和数据基础设施建设，实现气候减缓、节能减排、生态恢复、环境保护、经济发展等多项目标协同。

三、建设新型数据基础设施，赋能实现碳达峰、碳中和

针对新发展格局下双碳目标这一重大场景需求所面临的机遇与挑战，需要充分认识数据要素驱动创新发展和数据基础设施赋能数智化转型的本质特征，系统思考和研判如何建设新型绿色化、智能化数据基础设施，在服务其他行业低碳化、数智化转型过程中，降低数据基础设施自身的碳排放，推动数字经济相关产业实现碳达峰、碳中和。最后要多路并举，系统建构“数据—机制—使能”过程视角下的数据基础设施赋能碳达峰、碳中和的动态整合模型，建设以碳中和数据银行为代表的新型数据基础设施，通过制度创新和技术创新双轮驱动，打通碳达峰、碳中和数据融通壁垒，健全和完善中国新时代数据基础设施，有效破解数字经济发展挑战、建设和发挥好以数据银行为代表的新型数据基础设施对“双碳”国家战略目标实现的基础性支撑作用。

全面系统认识新型数据基础设施与碳达峰、碳中和的关系，加强顶层设计。碳达峰、碳中和作为一项长期工作，既要防止运动式减碳，也要通过数字化技术手段，摸清碳排放和生态系统碳汇的家底，为制定科学、系统、全面、有效的碳达峰、碳中和方案奠定基础。同时要

认识到，绿色低碳转型需要依靠数字经济相关技术和基础设施，理顺和完善绿色转型的相关体制机制，用市场机制来引导企业和消费者的行为，推动重点行业特别是能源行业的数智化、低碳化转型，摆脱高碳排放发展的路径依赖。

重视建设碳中和数据银行，统筹推进数字化和低碳化发展目标。碳中和数据银行是依托数据银行推进系统性架构创新设计，开展数据要素层的碳中和数据全量存储、全面汇聚和高效治理，推进运行模式层摸清碳汇家底、未来模拟预测、行业减排路径和农林增汇路径，进一步在场景应用层通过重大应用场景，加快数据驱动的低碳减排、绿色金融和碳市场场景应用，实现碳中和数据使区域创新系统重构、政府治理能力现代化和产业低碳转型升级，最终促进数据基础设施碳达峰、碳中和战略目标的实现。

创新引领、数智融合、多路并举，促进新型数据基础设施持续赋能碳达峰、碳中和。第一要加强绿色低碳科技攻关，尤其是利用数据要素和数字技术使绿色低碳核心技术有所突破；第二要多部门、跨区域和跨领域协同推进碳中和数据银行建设，加速工业制造等关键领域减碳；第三要注重完善政策法规体系，通过制度创新和技术创新牵引的双轮驱动，打破碳达峰、碳中和面临的数据融通壁垒；第四要充分发挥我国超大规模市场和海量场景驱动的优势，加快碳中和数据银行多元应用场景的开发建设。在此基础上，探索数据基础设施助力实现碳达峰、碳中和的中国模式和中国经验，实现数字创新引领新发展阶段经济社会的高质量发展，也为全球碳达峰、碳中和事业贡献中国力量。

第十九章

加强数据要素市场培育 推动数据财政体系构建

中共中央、国务院印发的《关于构建数据基础制度更好发挥数据要素作用的意见》（数据二十条）、财政部发布的《企业数据资源相关会计处理暂行规定（征求意见稿）》均对探索数据资产入表新模式，逐步完善数据资源会计处理和收益分配制度做出了相关说明，这意味着数据要素的资产化、价值化已向更高层次、更深层次推进。2023年中央经济工作会议也进一步强调2023年要“加快建设现代化产业体系”“大力发展数字经济”。然而，目前数据要素市场的建设主要聚焦于数据权属确认、数据价值计量、数据流通交易、数据安全治理等方面，但在体现效率、促进公平的数据要素收益分配制度方面较为欠缺。随着数据全生命周期运作模式的日益成熟以及各级政府部门对财政收入增长方式转变的迫切需求，本文借鉴了“土地财政”的说法，提出了构建“数据财政”的数据要素价值实现和收益分配新范式。

一、构建“主体—技术—制度”三位一体的数据财政实施路径

数据财政体系的构建可重点从数据要素市场主体以及运营过程进

行实现路径的设计，核心问题包括数据市场参与主体的职责划分，以及数据运营过程的税收获取途径以及体系设计等方面。

明确数据财政体系的市场主体。目前的主要运营对象是符合开放和公开条件的高价值数据。公共数据授权经营的过程主体主要包括与数据收集、数据存储、数据治理、数据使用、数据交易等相关的多方角色，涉及的市场主体有政府、企事业单位、高校和科研机构以及相关生态厂商、个人等。

构建完备的运营环境和技术支持。建设数据要素流通交易及公共服务平台，为各级各类交易场所和机构提供统一登记确权、统一授权存证、统一供需撮合、统一质量评估等公共服务，可考虑允许第三方服务机构依托该平台提供数据质量审计、数据资产评估、争议仲裁等更多衍生的专业服务，并围绕数据财政需求，探索和完善数据经纪、数据信托等服务机制，提升数据服务能力和流通效率。

逐步落实和完善制度设计及政策保障。加强数据集聚统一到政府平台的一揽子制度保障，建立个人信息“授权—确权—运营”制度，在数据管理的整体法律框架下，建立公共代理机制。要建立政府公共平台与企业数据平台的数据交割制度，形成政府代理个体数据的机制，创建数字经济时代的分税新秩序。

二、推进“多维度支持、多层级协调和多主体参与”的数据财政建设生态

探索建立数据要素评估、定价、入表、流通、价值分配的政策工具箱。选择数据要素市场化运营水平相对较高的地区作为试点，推动政府相关部门论证数据财政的合理性和科学性，借鉴试点制度改革方案的经验教训，逐步细化数据财政的总体设计思路。不断改进和优化数据治理手段，提升数据质量分级分类处理效率，保障数据财政顺利

推进和落实。积极探索基于保障数据安全的区块链、联邦计算和隐私计算等手段在数据财政运行过程中的作用路径和适用边界。

坚持创新引领，以企业为主体，以场景需求推动试点建设，出台行业标准和典型案例。选取有条件的区域和应用场景开展数据银行、数据信托、公共数据授权运营等数据资产化实践，作为市场化导向的运营方案。以场景驱动实现有为政府、有效市场和有力主体的整合式创新，促进海量数据要素、数字技术和丰富应用场景的深度融合，建设“数据要素价值释放—促进产业数字化转型—提升数字产业化质量—数据财政可持续发展—赋能新发展格局”的良性循环。

探索符合数据要素特征的税费征收制度。从应用场景出发对数据财政的实现方式进行引导和设计，利用财政政策逐步引导社会资本参与公共数据运营产业的投资和经营。特别是在行业发展初期，研究制定相关的税收优惠政策，相关受创新扶持标准扶持的数据运营中小型企业甚至微型企业，可以尝试通过企业向政府提供高质量数据来进行税收抵扣，逐步推进与数据产业发展相关的财政优惠政策的实施，以此来服务数字产业化和产业数字化的发展。

第二十章
健全数据要素监管体系　保障数据要素市场安全长效运行

当前，以数据为核心生产要素的数字经济正在快速和深刻地改变着生活方式、生产方式和社会治理模式，成为拉动我国经济增长的主引擎，对进一步发挥数字经济驱动中国式现代化进程的效能具有重大意义。2022 年国务院印发的《“十四五”数字经济发展规划》明确指出，要规范数据交易管理，培育规范的数据交易平台和市场主体，提升数据交易效率，营造安全有序的市场环境。这表明了国家在进一步推进数据开放共享、市场化培育和标准化建设方面的决心。党的二十大进一步强调要建设现代产业体系，加快建设数字中国。与此同时，需要客观地认识到，以数据要素市场化配置为抓手促进数字经济和实体经济深度融合，是一项复杂的系统性工程，关键在于以市场化配置为基础，更好地发挥政府在数据要素市场化配置中的引导调节作用，以开放共享、有效利用、安全高效为原则，平衡数据确权授权、流动共享、资产化运营、开发应用、收益分配和安全保护之间的关系，不断健全统一开放、多方协调、竞争有序的数据要素市场体系和贯穿数据要素全生命周期的监管规则体系。

习近平总书记 2022 年 6 月主持召开中央全面深化改革委员会第二十六次会议时指出，“数据基础制度建设事关国家发展和安全大局，要维护国家数据安全，保护个人信息和商业秘密，促进数据高效流通使用、赋能实体经济，统筹推进数据产权、流通交易、收益分配、安全治理，加快构建数据基础制度体系”，“要建立合规高效的数据要素流通和交易制度，完善数据全流程合规和监管规则体系，建设规范的数据交易市场”，并在 2022 年 11 月 9 日向 2022 年世界互联网大会乌镇峰会致贺信中强调，“中国愿同世界各国一道，携手走出一条数字资源共建共享、数字经济活力迸发、数字治理精准高效、数字文化繁荣发展、数字安全保障有力、数字合作互利共赢的全球数字发展道路，加快构建网络空间命运共同体，为世界和平发展和人类文明进步贡献智慧和力量”。为进一步突破数据要素市场监管面临的突出瓶颈，促进数字资源共建共享，保障数据要素市场安全长效运行，支撑数字治理精准高效、数字安全保障有力和数字经济活力迸发指明了新方向，提出了新要求。

在此背景下，统筹数字经济发展与安全，突破数据要素市场监管面临的突出瓶颈，建立健全数据要素监管体系，健全政府、市场、社会多元主体有机协同的治理模式，保障数据要素市场安全长效运行，正在成为发挥我国超大规模市场、海量数据和丰富应用场景优势，推动数据、技术和场景融合，加快构建新发展格局，以数字创新驱动中国式现代化的重要议题。

一、当前数据要素市场安全长效运行和有效监管面临突出瓶颈

数据要素作为全新的生产要素，其内涵特征和市场化、价值化逻辑与土地、资本、人才等传统生产要素有显著差异，需要全新的治理机制和治理模式。加上在实践过程中缺乏成熟的市场运行机制和治理经验，数据要素市场的有序发展和健康培育受到多重限制。各级政府在制定和落实政策方针的过程中面临着包括技术、法律、制度等多重

原因所带来的数据要素确权难、开放难、共享难、治理难、安全保障压力大和市场监管效率低等一系列现实挑战和突出瓶颈问题，集中体现为以下三个方面。

（一）数据要素市场培育和监管的系统性顶层设计缺失

当前全国范围内地方数据运营体系和监管体系做了许多积极探索和创新突破，基本形成了省市各级相关委办局、大数据（管理）局、大数据中心多方协调的监管配置模式，数据交易所（中心）+ 国资运营平台等数据运营模式，同时也积极探索成立国资控股的地方性数据集团等服务数据确权授权、安全治理、融通交易的专门市场主体，共同培育和监管数据要素市场。但在中央和国家层面，尚缺乏数据要素市场培育和监管的系统性顶层设计规划和相关机构设置，也缺少像国家数据银行、国家数据集团等数据要素市场化的主要国家级市场统筹主体，因而一方面无法协同中央各部门间数据的共享融合应用，另一方面也无法从中央和国家层面前瞻性地引导和推动数据要素市场化有序建设、统筹监管和可持续运行。

（二）数据要素市场化的多元参与主体协同不足

数据要素市场化主要分为场内和场外两个方面。场内方面，当前全国主要经济大省（市）广东、江苏、河南、上海、北京、福建等均建设了地方政府支持的数据交易所或交易中心，作为本地化数据交易平台，培育本地场内数据要素市场。场外方面，两方点对点交易、多方撮合交易等多种形式并存。尤其是当前数据交易入场动机不强和动力不足，数据交易主要集中在场外，数据要素市场的培育和监管，既需要发展改革、工业和信息化、金融监管、大数据等政府业务主管部门共同参与场内市场建设，也需要数据供给方、需求方、加工治理、会计仲裁、数据经纪等多种角色协同配合，更需要市场监管、司法、网信等政府部门协同参与场外市场培育和监管，最终实现对场内和场外数据要素市场的协同培育和共同监管，形成分行业、分区域监管和跨行业、跨区域协同监管的健康格局。

（三）数据要素市场标准化建设和统一监管体系缺乏

2022 年 4 月中共中央、国务院印发的《关于加快建设全国统一大市场的意见》提出了探索研究全国统一大市场建设标准指南，积极推动落实全国统一大市场建设。数据要素全国统一大市场建设成为推动我国统一大市场建设从大到强再到优的基石。但夯实这一基石，也需要在多元化、多样化、多层次的地方数据要素市场探索的基础上，进行数据基础制度、数据统一流通和计量标识、数据确权授权流程、数据治理流程和安全规范等多领域的标准化建设，更需要中央数据要素监管体系同地方数据要素监管体系协同开展数据要素市场运营的统一监管。缺乏标准化建设和统一监管，数据跨境流通、服务和交易就不可避免地会受到制度性空白的阻滞，也将制约中国打造成全球数据跨境流通贸易中国汇聚节点和结算中心的进程。此外，数据要素市场标准化建设和统一监管体系的缺位，还使得中国数字经济部门和市场主体在进行数据要素国际化配置的过程中，难以有效兼顾国家数据安全，甚至会诱发威胁国家数据主权的相关风险。

如何突破上述突出瓶颈，实现数据高效流通、融合与变现，成为数据要素市场化培育的重中之重。在此过程中，数据运营平台作为数据流通的服务者和中间商，既是数据交易的组织者，也是交易活动的参与者，可谓是联结数据供需双方的重要桥梁和纽带，兼具市场监管主体和被监管对象双重角色，在数据要素市场体系和监管体系建设中有着不可或缺的价值。

二、加快构建数据运营平台监管体系，破解数据要素市场安全运营难题

在数据要素市场化实践过程中，目前形成了由政府主导、多元市场主体参与配置的运营模式。由于各市场主体在数据流转过程中参与环节的差异性，政府部门尚未构建有效的全流程监管机制。对此，“十四五”期间，亟须按照可信数据要素市场生态系统和数据运营平台服务的内容，构建包括平台运营监督维护体系和网络安全保障体系在内的数据运营平台监管体系，为数据运营监管平台建设与数据要素市场化进程提供统一指导。

（一）完善数据监管运营顶层设计，强化多部门协调

当前数据要素市场层级和市场主体多样化的特征，实现数据要素市场化培育和数据运营监管需要多层级、多领域、多部门协同配合。在中央层面亟须完善国家大数据（管理）局、国家数据集团等顶层设计，进一步统领数据要素全国统一大市场建设。同时，政府是政务数据资源持有者，公共数据和社会数据市场化运营的监管方，数据赋能社会经济发展，需要理清政府各部门在政务数据、公共数据和社会数据等对内共享和对外开放等方面的职责，实现多部门协同配合引导运营和实施监管的效益最大化。

（二）明确政府“元治理”角色

集中统一的数据确权授权运营模式便于地方政府对数据运营服务

从源头进行监管，保证第一时间就平台运行过程中的安全泄露、违规使用等问题做出响应，将损失和影响维持在可控范围。政府部门可建立数据安全信息备案制度，会同部门有关组织和数据运营者开展重要数据和个人信息的备案工作，在不改变政府部门对各自数据的管理权的前提下，通过全程留痕和透明的方式记录数据使用情况，在有效连接数据供给方和数据需求方的同时也便于政府数据授权运营的全程监管。从组织管理层面，由政府相关部门领导和数据平台组成的信息安全工作领导小组，负责协调本单位信息安全管理工作，决策信息安全重大事宜。运营平台应按照等级保护要求，落实安全管理制度和技术措施，确保数据系统的物理环境、通信网络、区域边界、计算环境等方面整体安全，加强对数据活动过程中关键操作的安全审计。特别要明确采集数据的目的和用途，确保数据采集的合法性、正当性、必要性和业务关联性。对数据采集的环境、设施和技术采取必要的管控措施，确保数据的完整性、一致性和真实性，保证数据在采集过程中不被泄露。制定并执行数据安全传输策略和规程，采用安全可信的通道或数据加密等安全控制措施，确保数据传输的安全性和可靠性。制定数据共享、交换、发布管理制度，采取数据加密、安全通道管控等措施保护数据共享、交换过程中的个人信息和重要数据安全，指定专人审核数据发布的合法合规性，加强对数据共享、交换、发布的动态分析与预警治理。

（三）从数据资产管理角度入手，完善全生命周期监管体系

首先，应创新事前监管，建立健全信用承诺制度，对数据运营平台运营的有关事项予以审查与回复，数据使用主体应主动做出信用承诺及数据安全合规承诺。其次，要加强事中监管，建立全面的数据使

用主体信用记录，及时、准确记录数据使用主体信用行为，特别是将失信记录建档留痕，做到可查、可核、可控、可溯。最后，要完善事后监管，比如通过构建数据使用行为模型就数据流转过程中可能存在的安全泄露、违规使用等问题进行实时监控、追根溯源和实时阻断，充分发挥平台的技术和应急响应优势，协同完成安全监管职能。

（四）支持多元主体广泛参与共建数据安全运营平台

在充分发挥政府部门“元治理”作用的基础上，也要充分利用“制度 + 技术”双轮驱动探索高效、可持续的数据运营机制，调动企业和社会等多元参与主体的数据自治与协同治理积极性，通过多元主体的协同共治，提高治理效率。在对数据要素进行价值挖掘和流动循环过程中，可能存在的安全风险主要包括从政府数据到政务共享平台的数据安全，然后是政务共享平台到运营服务平台的数据安全，还包括数据运营平台到数据需求方的数据安全和数据需求方在数据使用过程中的安全问题。上述过程的网络安全问题需依托于各市场主体内部的技术平台和管理体系。

从技术层面来看，数据运营平台可以提供面向生态技术服务商和产业用户基于固定安全边界的数据实验室，提供数据资源、算力、办公场所等以支持数据运营平台受托服务业务及自身算法孵化的封闭数据开发平台，并就相应的数据操作行为进行实时上区块链进行处理，以确保数据的安全、合规使用。区块链和隐私计算等新型数据技术的应用也能够进一步保障数据的公信力，便捷的操作步骤也能进一步降低政府监管的难度和成本。同时，为了便于政府对运营平台的业务展开进行全面的监督管理，线上门户可专门设置区块链审计日志调取模块，其中包括所记录的用户身份、数据权属、数据加工过程、购买记录、交易合同、交付记录等凭证信息。

从数据要素的监管流程来看，区块链技术具有高度适用性：在数据存储阶段，区块链技术可以有效降低数据丢失的风险；在数据治理阶段，可以保证数据处理的科学性、可靠性以及真实性；在数据使用过程中，上链处理可以追溯数据的使用主体及用途，从而解决数据使用主体的资质审查及使用规范性问题。

三、多点突破，探索数据市场化安全高效运营的长效模式

在数据市场化运营过程中，数据要素市场化生态关系构建、数据要素安全保障和数据要素监管治理体系设计互为条件，彼此协同，这三者所构成的整体性逻辑框架是培育数据要素生态、推动数据要素市场化安全高效运营以及数字经济高质量发展的核心和关键所在。数据监管动态持续贯穿于整个数据生命周期，保障数据进行长期保存、组织、维护、利用。未来仍需多措并举，进一步构建包括全流程协同监管、动态创新等在内的新型监管与治理体系，探索推进数据要素生态培育和市场化安全高效运营的长效模式，健全政府、市场、社会多元主体有机协同的治理体系。

首先，要不断丰富公共数据、企业数据和个人数据的服务内容和服务场景，加快场景驱动的数据要素广域、全面融合应用。进一步支持针对不同种类数据的市场化运营模式的个性化探索，实现数据要素在不同场景的广泛应用，为不同群体提供更加精准、系统和全面的数据资源支持。在实践中，不同地区和行业运营模式、运营基础以及监管过程存在差异，应进一步鼓励本地化、多元化和分类探索，形成系列案例，提炼普遍难题和瓶颈，有针对性地建构和完善以“用数”为目的、“在监管中运营、在运营中监管”的央地统筹体系和面向多元应用场景的差异化、个性化模式，不断优化数据要素的市场化、价值化

机制。

其次，要加强隐私计算等数据安全技术的研发，实现数据要素市场培育过程中的关键核心技术自主可控。在此基础上做好技术功能的迭代升级和数据资源的延伸拓展，逐步完善“数据—算法—算力—安全体系”的一体化有机融合，提高多种数据类型和不同需求场景的匹配程度，利用先进技术建立数据要素受托运营的科技监管框架，明晰数据权责，维护各数据市场主体权益，助力传统产业数字化、智能化发展，保障数据要素的安全使用、数据服务能力的提升改善和数字经济的快速发展。

最后，要健全基于平台的数据要素市场化监管体系，形成数据运营平台自律监管和行政监管并行、制度和技术整合式创新的模式。一方面，要明确中央和地方层面负责数据治理、监管的部门设置，形成分行业治理和跨行业治理、场内场外治理和全过程治理的协同和整合，加快提升市场化效率；另一方面，要充分发挥行业内部的自律监管作用，充分利用行业协会在专业程度和反应速度上的优势，对数据流通规则进行规范，确保数据运营平台的健康可持续发展，提升数字治理精准性和效能，有力支撑数字中国建设战略的落地实施。